유리 교본

― 역사와 이론 ―

유리를 이야기할 사람이라면 누구나 한번쯤은 읽어 보아야 할 유리 교본서

유리 교본

— 역사와 이론 —

토암(土菴) 배윤호(裵潤鎬)

황남대총 남분에서 출토된 봉수형(鳳首形) 물병 (국보 193호)

도서 출판 **정음서원**

1963년 경주공업고등학교 요업과 교사로 발령을 받고 시간 배정을 하는데, 그 당시 대학 요업과 출신이 없었고 화학 전공자가 요업까지 대신하던 때인데가다, 내가 교직 초년이고 현장 출신이라 하여 도자기, 유리, 무기화학 등 과목을 선택하게 배려하여 주었다.

발령을 받고 바로 학교 도서관에 가보니, 일본책 〈요업 편람〉, 〈요업 핸드북〉, 〈법랑〉의 3권이 있었다. 그 내용이 부실하여 대구서점에서 요업 관계 책을 구입하였는데, 일서 『ガラス 讀本』과 임응극 저 『요업공학 개론』 뿐이었다. 이들 모두 단편적이고 내용이 빈약하여 학생지도에 어려움이 많았다. 다시 대구에 가서 成瀨省(나루세 아키라) 저(著) 『ガラス 工學』 책을 주문하였더니, 1학기가 끝날 무렵에서야 받아볼 수 있었다.

이를 번역하여 학생이 필경하고, 내가 직접 손에 잉크를 묻혀가면서 등사하여 교재로 쓰던 중, 70년경 문교부 발행 고등학교 요업과용 『유리·법랑』 교과서가 나오게 되었다.

처음 발행된 교과서는 成瀨省의 『ガラス 工學』에서 발췌·번역한 정도의 내용이였으며, 그후 여러 차례 개정하였으나, 오락가락 새로운 내용이 약간씩 추가되었을 뿐, 지금도 근간은 『ガラス 工學』의 내용을 바탕으로 하고 있다.

때늦은 감이 있으나 지금까지 서점에서 판매되는 유리책의 대부분이 너무 전문적이거나, 단편적이고, 체계적이지를 못하고, 용어 또한 일정하지 못하여 초심자에게는 이해와 구분하기 어려워 유리를 공부하고자 하는 사람들에게 체계적인 필독의 교본서가 필요·절실함을 느껴 이 책을 쓰게 되었다.

유리의 역사는 『ガラス 讀本』에서, 이론은 문교부 발행 『유리 교과서』와 『ガラス 工學』에서, 그리고 30년간 학생지도를 하면서 모아진 자료와 학회지, 경험 등을 활용하였다.

서기 2021년 5월

배 윤 호

제 9 장 유리의 가공

제 10 장 유리에 생기는 결점

제 1 편

유리의 역사

1. 유리의 개요

> 고열로 가열하는 장치를 요로(窯爐: kiln, fernace)라 하고,
> 요로를 사용하여 고열 처리하여 만드는 제품 공업을 요업
> (Ceramic)이라 한다.

■ 요업과 유리

인간이 식생활을 시작하면서부터 생활용구로 그릇의 필요성을 느꼈고, 흙을 빚어 용기를 만들어 쓰게 된 것은 기원전 수천년으로 추정하며, 그릇에 유약을 바르게 된 역사와 함께 유리의 역사도 시작된다.

옛날에는 도자기와 유리가 요업의 전부였으며, 도자기는 동양, 유리는 서양에서 발달되어 오다가, 지금은 종래의 규산염공업에서 벗어나 단순산화물계, 비금속산화물계 등 그 제품이 다양해지고 있다.

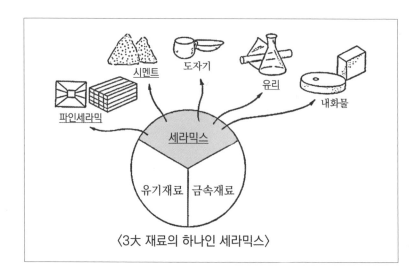

〈3大 재료의 하나인 세라믹스〉

■ 유리의 정의

유리의 정의를 검색하여 지식백과에 보니 "유리(琉璃)는 단단하고 깨지기 쉬운 비결정질 고체(과냉각된 액체)이다. 투명하고 매끄럽고, 물리·화학적(원본: 생물학적)으로 비활성인 특징이 있어 창문, 병, 안경 등을 만드는데 쓰지만 깨지기 쉽다는 단점이 있다. 모래나 수정을 구성하는 이산화규소(SiO_2)가 주요 성분인 소다석회 유리나 붕규산 유리 뿐만 아니라, 아크릴수지, 설탕 유리, 운모 또는 알루미늄 옥시니트라이드 등도 유리에 포함된다." 라고 되어 있다.

공학적으로 유리는 "고온 용융물을 냉각할 때 결정을 석출하지 않고 차츰 점도를 증가하면서 응고하는 무기물질"이다.

대부분의 액체는 냉각하면 일정한 온도에서 응고하여 결정체가 된다. 그러나 일부 액체는 냉각하면 점도만 점차 높아질 뿐 일정한 온도에서 응고하지 않고 결정체로도 되지 않다가 그대로 고형물로 된다. 이것을 다시 실온에서부터 가열해 가면 점차 연화하여 다시 액체로 된다. 결정물질에서 보는 바와 같은 일정한 용융점을 나타내지 않는다.

이와 같은 비결정성 응고물을 유리라 한다.

나의 이야기-1 : 유리질

아크릴, 설탕, 수지 등 유기물질도 위의 정의에 합당하므로 넓은 뜻으로는 유리질이라 하여 유리에 포함시키기도 하나, 일반적으로는 규산염 무기물질만을 유리라 한다.

1944년 일본 소학교 3학년 때다. 옆의 친구가 B29가 떨어진 곳에서 주워 온 유리 파편이라면서 보여 주기에 냄새를 맡아 보니 향긋한 냄새가 났다. 그 당시 아크릴은 알지 못했는데, 지금 생각하니 아크릴로 비행기 유리창을 만들었나 하는 생각이 난다.

■ 유리의 재료 – 모래

모래(SiO$_2$)만으로 만들어진 석영유리가 물리 화학적 성질이 가장 이상적이지만, 화석연료로는 녹일 수 없기 때문에 실용화가 될 수 없다.

소다석회유리의 원료조합 예

소다회 25%
규석 62%
석회석 9.3%
아비산 3.1%
칠레초석 0.6%

그래서 원료인 모래(SiO$_2$)를 가스나 석유류로 얻을 수 있는 1500~1600℃에서 녹게 융제(소다회, 석회석)를 넣고, 거품을 제거하고 맑게 하는 청징제(아비산, 칠레초석)를 약간 넣어 녹인다.

유리 원료 안에 포함된 철분은 청록색을 나타내기 때문에 크리스탈유리, 광학유리 등 고급유리에는 철분 함량이 적은 규석을 사용한다.

■ 유리의 어원

유리의 어원은 희랍어로 hyalos 또는 krystallos라는 말이 있고, 고대 라틴어에도 hyalus 또는 krystallus란 말이 있다. 이것이 인도와 중국을 거치면서 우리나라에서는 파리(玻璃)와 유리(琉璃)로 변전하였다.

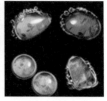

호박(琥珀:Amber)과 가공품
㈜ : 호박이란 나무가 상처로부터 자신을 보호하기 위하여 내뿜은 물질이 화석화된 물질을 말한다.

기원전 1세기 중엽 경에 라틴어로 "vitrum"이라는 말이 있으며, 이것이 지금의 유리의 의미로 사용되었다. 그래서 이것이 불란서에서 "verre", 이태리에서 "vetro", 스페인에서 "vidro"라 불러졌고, 독일에서는 로마에서 수입한 "vitrum"이 장식용 보석인 호박을 닮았다 하여 glasum(호박의 라틴어)이라 불리다가 glas로, 이것이 glass로 바뀌게 되었다.

■ 유리의 기원

　유리의 기원(起源)은 페니키아 상인이 지중해 연안을 항해하던 중, 취사를 하기 위해 싣고 가던 초석을 가마벽으로 하여 불을 때었는데, 초석과 모래가 고열에 녹아 유리가 되었다고, 로마시대의 학자 Pliny의 저서(AD79년)에 기록되어 있다.

　화학반응식을 보면, 아래와 같다.

$$NaNO_3 + SiO_2 \rightarrow Na_2O \cdot nSiO_2 + NO_2 \uparrow$$
초석　　　모래　　규산알칼리 유리

　그러나 고고학의 발굴에 의하면 세계에서 가장 오래된 유리를 제조한 나라는 이집트이다. 제조 년대는 페니키아인이 활약하기 훨씬 이전인 기원전 3,000~7,000년으로 추정된다. 한편, 지중해를 중심으로 한 이집트와 메소포타미아 지방에서 거의 동시대에 발달한 것으로 보는 사람도 있다.

2. 이집트 유리

이집트 왕조 시대의 것으로 추정되는 호부, 상안, 비즈옥 등이 발굴되었으며, 이는 도자기 유약으로부터 발달된 것으로 모두가 불투명한 착색 유리뿐이고, BC 1,500년경에 이르러 청색 반투명의 유리가 만들어졌다고 한다.

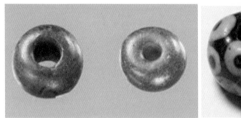

이집트의 유리 제품

나의 이야기-2 : 내가 본 호부(護符)

우리나라에서는 종이에 붉은 글씨나 그림 같은 것을 그린 부적은 보았으나, 호부(護符)란 본적이 없다.

나 어릴 때 일본 아이찌갱(愛知縣) 다하라마찌(田原町) 인근에 있는 감배(神戶) 국민학교에 다닐 때, 급우가 주머니에서 꺼내어 보여주는 것이 쇠 뜨개 바늘로 촘촘히 짠, 얇고 작은 나무판(폭 2.5cm, 길이 5.0cm정도)에 글씨를 적어 넣은 것이었는데, 그것이 무엇이냐라고 물으니, 호부라 하는데, 예를 들면, 나무에서 떨어졌을 때도 내 몸은 다치지 않고 대신 이 나무패가 깨어진다고 하였다.

여러가지 호부

BC200경에는 페니키아인에 의하여 무색투명한 유리가 만들어졌다.

　　이집트 유리는 불투명하나 값이 매우 고가이므로 귀중품으로 귀족들에게만 쓰여 왔다.

　　유리병 제조는 쇠막대 끝에 헝겊이나 짚으로 말아 그 위에 진흙을 발라 병의 내부 모양을 만들고 여기에 녹은 유리를 씌워 냉각한 다음 내부를 파내어 기물을 만들거나 녹은 유리를 가래 모양으로 말아 올려 기물을 어렵게 만들었으나, 그후 철파이프를 써서 불어서 만들게 됨으로써 대량생산이 가능하게 되어 서민들도 쓸 수 있게 되었다.

　　철파이프(blowing pipe)를 불대 또는 취도(吹棹)라 하며 녹은 유리를 불대끝에 묻혀 공중에서 입으로 불면 풍선처럼 둥글게 된다. 이렇게 하여 기물을 만드는 방법이다.

불대(blowing pipe)와 부는 장면

3. 로마 유리

국가에서 유리공업을 육성하기 위하여 면세하는 등 장려함으로써 1~4세기 동안을 유리의 제1황금시대라 할 만큼 크게 발달하였다.

로마시대의 학자 Pliny의 저서(AD79년)에 유리제조법이 기록되어 있으며, 이때 창유리, 주조유리, 마판유리까지 만들게 되었고, 베스비오 화산 폭발로 매몰된 폼페이의 사창가에 창유리를 쓴 흔적이 있다고 한다.

※폼페이 유적지 - 16세기말부터 소규모발굴이 시작되었으나 1748년부터 본격발굴을 하여 절반쯤 발굴되었으며 계속 발굴되고 있다고 한다.

▲ 유적지

▲ 인체가 있었던 공간에 석고를 부어 만든 상

▲유적지 관광객

<로마의 유리 제품>

■ 동로마 유리

로마제국이 쇠퇴해 지자 동서로 분리
되니 유리 기술은 동로마로 옮겨지게 되
었다.

이때 극성했던 연금술의 시도 결과로
얻어진 많은 금속의 산화물은 그림 유
리(staint glass)를 발달하게 하였고,
주로 교회의 창 그림으로 널리 쓰였으

연금술사의 실험실

며, 우리나라 세조 때 수입한 도자기 채색용의 청색 안료(회청 또는
회회청)도 이 지역에서 만들어진 것이다.

연금술이란 납이나 구리같이 값이 싼 금속으로 금이나 은같이 값
진 물건을 만들 수 없을까 했던 시도들을 말한다.

연금술이 언제부터 시작되었는지는 정확히 알 수 없으나, 아주 오
래전부터 사람들은 금이 부와 명예를 가져다 줄 뿐만 아니라 영원한
생명도 가져다 준다고 믿었다.

이야기-3 : 거울과 마(磨)판유리

광복후 오래도록 이발소에 가서 의자에 앉은 다음 얼굴을 보면 얼굴이 길
어졌다 넓어졌다 하는 것이 보였다.

이것은 판유리 뽑을 때 로울러에 의해서 옆으로 뽑거나 위로 뽑아 올리므
로 면이 울퉁불퉁하기 때문이다. 이런 현상을 없애려면 유리면을 평평하게
갈아야 한다. 지금은 뽑혀 나온 유리판을 연마 장치를 통과시키면 평활하게
갈려 나오게 되어 있다.

20세기에 와서는 연마하지 않고도 플로우트법으로 평평한 판유리를 만들
수 있게 되었다.

<동로마의 그림 유리>

4. 베니스 유리

십자군의 원정(1096~1099년)을 하기 위해 배를 타야 하니, 원정군의 집결을 베니스에 하게 되었다.

이로 인하여 베니스의 경제가 활성화되니, 유리공업이 크게 번성하게 되었고, 1291년에는 유리 기술의 유출을 방지하기 위하여 공장을 무라노섬으로 이전하게 되었다.

16세기에는 컷트가공, 채색, 금도금, 에나멜가공과 마판유리도 만들 수 있게 되었다. 이것이 베네지안 그라스이다.

알프스를 넘어 고가로 팔리던 베네지안 유리는 18세기에 들어와서 쇠퇴하게 된다.

철통같은 무라노섬의 장벽도, 불란서 외상이 보낸 밀사에 의해 유리기술자가 야음을 틈타 불란서로 유인되어 가게 되니, 거울의 제조기술은 호화의 극치 베르사이유 궁전을 이루게 되었다.

컷 가공한 유리잔

채색한 컵

도금한 주전자

▲ 성형 장면

▲ 관광지가 된 베니스와 무라노 섬

▲ 무라노섬의 성형장면을 보기 위한 관광객

▼ 현재의 베니스 유리 제품

〈베르사이유 궁전 – 거울의 방〉

베르사이유궁전 안에는 300m길이의 거대한 복도, 회의실, 도서관, 황실용 개인아파트, 여성용거실과, 개인 예배당 등이 좁은 복도, 계단 벽장과 부엌으로 얽혀있으며, 또한 거울의 방을 포함한 11개의 방이 화려한 역사 미술관으로 남아 있다.

거울의 방은 화려함의 극치를 보여준다. 길이75m, 폭10m, 높이12m의 넓은 방을 루이14세가 직접 친정을 한 17년을 기념하기 위하여 17개의 벽면으로 나누고, 17개의 거울벽면과 17개의 유리창으로 구성하여 총 578개의 대형거울로 장식되어있다. 거울의 방은 주로 왕족의 결혼식을 열거나 외국 사신을 접견할 때 사용되었다.

〈수정궁〉

1851년 런던에서 세계최초의 만국 박람회가 개최되면서 수정궁(Crystal palace)이 공개되었다.

수정궁을 철과 유리로된 거대한 온실풍의 건축물로서 전체길이는 개최년도를 감안해서 1,581피트(약564m미터)로 정해졌다.

5. 보헤미안 유리

보헤미아는 사방이 산맥으로 둘러싸인 마름모꼴의 분지로 라베(엘베)강과 그 지류인 블타바(몰다우)강 유역의 지방이다. 기름진 농지와 풍부한 광산자원, 그리고 이곳을 둘러싸고 있는 산맥에서 나오는 산림자원이 있고, 수도 프라하를 비롯하여 많은 공업도시가 발달해 있으며, 체코의 정치경재산업의 중심부를 이루고 있다.

여기 산림에서 나오는 풍부한 목재, 그리고 목재를 연료로 쓰고 나오는 많은 재는 카리석회 유리를 발달할 수 있게 하였다.

카리석회 유리는 강하고, 빛에 대한 굴절률이 커서 컷 가공하였을 때 아름다운 색깔을 내므로, 세계인이 인정하는 유리공예 생산지이다.

보헤미안 글라스의 장인들은 입으로 유리를 불어 손으로 모양을 만들고 컷팅하고 세공하고 페인팅한다. 섬세한 마감 처리를 보면 공장에서 대량 생산되는 제품과는 분명히 차이가 나는 것을 볼 수 있다. 체코 내에서는 물론 세계적으로 인정받기 때문에 체코에서는 수많은 유리공예 디자이너와 장인들이 끊임없이 탄생하고 있다. 유리공예 전문장인이 되는 것은 많은 시간과 혹독한 노력이 필요하다. 기술은 전통으로 대를 이어 전수되어 오고 있다.

6. 영국의 납크리스탈 유리

16세기말 영국에서 발달한 것으로. 납유리라 하면 생활용품으로 쓰는 크리스탈유리와 광학용으로 쓰이는 플린트유리로 대별한다, 크리스탈유리는 납의 독성 때문에 사용량이 제한되나, 공학용으로 쓰이는 플린트유리는 납의 함유량에 따라 경플린트(light flint), 플린트(flint), 중플린트(havy flint)로 구분한다.

광학유리로 쓰이는 플린트유리의 대표적인 것이 렌즈이다.

아래 그림은 소형렌즈를 만들 때 쓰이는 방법으로 용융된 유리를 가마에서 내어, 알맞은 크기의 유리덩어리로 갈라지게 냉각속도를 조절한다.

냉각후 망치로 결점 제거하고, 크기를 조절한 다음 다시 연화점까지 가열한다. 그리고 형틀에 넣고 찍어 렌즈모양으로 만든 다음 연마하여 완성한다.

<광학 유리 용융 도가니 냉각 장면>

<광학 유리 주입장면>

■ 그리니치 천문대

1675년 찰스2세가 천문 항해술을 연구하기 위해 런던 교외 그리니치에 설립하였다.

1884년 워싱턴 국제회의에서 이 천문대 자오환을 지나는 자오선을 본초자오선으로 지정하여 경도의 원점으로 삼았다. 1930년대에 런던시가지가 스모그와 먼지 고층

그리니치 천문대

건물 네온사인 등의 공해로 관측이 곤란해지자 1945년 그리니치 남쪽 서색스주 허스트몬슈로 이전, 1956년 국립 해양박물관과 통합, 1970년에 카나리아제도의 라팔마스로 이전, 1990년에 켐브리지로 옮겼다.

주요 관측기로는 아이작 뉴턴망원경이라 하는 지름249cm 반사망원경, 90cm반사망원경, 신형자오환, 사진천정통, 태양사진의, 분광태양사진 2.5m반사경 등이 있다.

자오선

오래전 유리 책에서 그리니치 천문대에 있는 1.8m 렌즈를 사람 키와 비교하여 찍은 사진을 보았는데, 이런 큰 렌즈도 있나 하고 놀랐다. 20여년 전 영천에 있는 보현산 천문대에 가보니, 1.6m 대형 렌즈의 모형을 밖에 세워둔 것을 보았다. 2019년 이 책을 쓰면서 다시 가보았으나 실물은 보지 못했다.

대형렌즈는 유리안의 비틀림(변형:Strain)을 제거하기 위해서 서냉을 1~2개월 걸려 한다.

※ 천체망원경의 원리

굴절망원경(케플러식)　　반사망원경(뉴턴식)　　반사망원경(카세그레인식)

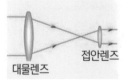 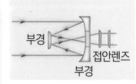

  1970년 후반 서울에 있는 원자력 연구원에 있는 원자로를 보았다. 그 내부를 볼 수 있게 유리를 설치하였는데, 두께가 60cm인 방사선 차단용 중 프린트 유리라 들었다.

  2010년경 경주 원자력 폐기물 방폐장에 갔는데, 순회 중 지하에서 폐기물 작업하는 광경을 볼 수 있게 창문이 있었고, 그 두께가 30cm 방사선 차단 유리라 말하기에 두드려 보았다. 원자로의 창은 흐릿하였는데, 방폐장 유리는 밝았고 가볍게 느껴져 돌아와서 전화를 걸었다. 답은 역시 30cm 납유리라 하니 경프린트(light flint)이겠지 하고 말았다.

7. 소다회의 제조

유리의 매용제로 쓰이는 알카리의 공급이 어려웠는데, 1790년 르블랑(Nicolas Leblanc)의 소다회 제조는 소금으로부터 소다회를 만들어내니, 유리제조공업의 일대 혁신이라 말할 수 있다. 르블랑법에 의한 소다회의 제조 과정을 보면 아래와 같다.

$$\underline{2NaCl}_{\text{소금}} + H_2SO_4 \rightarrow Na_2SO_4 + 2HCl$$

$$Na_2SO_4 + 2C \rightarrow Na_2S + 2CO_2$$

$$Na_2S + CaCO_3 \rightarrow \underline{Na_2CO_3}_{\text{소다회}} + CaS$$

이에 의해 불란서에서는 광학유리를 만들기 시작하였다.

※ 니콜라 르블랑(1742~1806)이 소금에서 소다회(탄산나트륨)를 제조하는 방법을 고안하던 때의 프랑스는 급속한 공업화와 사회적 혁명의 시대를 맞고 있었다. 당시 프랑스 왕의 후계자인 오를레앙 공작 루이 필립 2세의 주치의로 생활하면서 간단하고 비용이 적게 드는 소다회 제조법 실험에 성공한 르블랑은 프랑스 과학 아카데미의 현상금도 받게 되고 오를레앙공의 후원으로 년간 320톤의 소다회를 생산하는 공장까지 차렸다. 그러나 1793년 프랑스 혁명이 과열되면서 오를레앙공은 처형되고 공장은 귀족의 재산으로 몰수당했으며 혁명 정부는 상금 지급까지 거부하였다. 이후 1802년 나폴레옹 정부는 공장을 돌려주었지만 운영자금을 마련하지 못하고 실의에 빠진 르블랑은 1806년 권총 자살하고 말았다.
이후 르블랑법은 영국에서 빛을 보게 되었다. 영국인 윌리엄 조시는 르블랑법을 도입하여 1807년 영국에서 최초의 탄산나트륨 제조 공장을 건립했다. 이로부터 르블랑법은 한동안 탄산나트륨 제조를 독점했으나 생산과정에서 형성되는 염화수소 때문에 기구 부식이 심해서 비용이 많이 들고 또 환경오염 등의 문제를 겪다가, 1861년 벨기에의 화학자 솔베이가 고안한 솔베이법이 도입되면서 역사 속으로 밀려나게 되었다.

8. 탱크가마의 제작

특히 유리의 생산성을 크게 향상시킨 것은 철강 용해용 평가마를 유리용융에 응용한 지멘스식 유리 용융 가마인데, 이는 1867년 독일의 지멘스(siemens)형제에 의해 개발된 것이다. 이 연속식 유리탱크가마는 1873년에 벨기에서 완성되어 품질 높은 대형판유리 제조를 가능하게 하였다.

탱크가마의 제작은 유리공업발전에 획기적인 계기가 되었으며, 20세기에 들어와서 미국에서 제병기, 판유리 인상기 등 기계화, 자동화, 대량 생산화의 기반이 되었다.

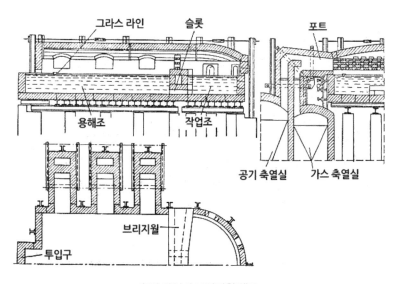

<측면 가열식 브리지월 탱크>

9. 근대 유리의 발달

근대 유리 제조설비나 제품 개발 과정을 시기 및 나라별로 보면 다음과 같다.

- 현미경 : 1590년 네덜란드 - 굴절율이 큰 납유리 사용.
- 온도계 : 1600년경 이탈리아 - 경년 변화가 적어야 하며, 알카리 성분으로 NaO_2만을 사용하였다.
- 망원경 : 1609년 네덜란드 - 렌즈는 굴절율이 큰 납유리계임.
- 납크리스탈 : 1675년 영국 - 납성분은 인체에 해로우므로 식기류에는 납의 사용량이 제한된다.
- 루비그라스 : 1680년 보헤미아 - 보헤미안글라스는 칼륨석회유리로 보통 소다석회유리에 비하여 물리적 성질도 좋고 굴절

병유리 성형장면

율도 커서 광학적으로 아름답게 보인다.

- 렌즈 : 1760년 영국 - 납유리계로 광학유리에 사용되는 경우 프린트유리(Flint glass)라 하는데, 납(Pb)의 합량에 따라 경프린트, 중프린트로 나누며, 납의 함유량이 30%에 이르는 것도 있다.

- 광학유리 : 1799년 스위스 - 광학유리란 렌즈나 프리즘과 같은 광학기기에 사용되는 유리를 말한다.

- 격판 : 1805년 스위스

- 안경 : 1827년 영국

- 방전관 : 1859년 독일

- 유리탱크가마 : 1860넘 독일 - 종래에는 내화물 단지에서 단속적으로 유리를 녹였으나, 탱크가마는 내화 벽돌로 만든 탱크형으로 통(탱크) 한 쪽에서 원료를 투입하고, 반대쪽에서는 작업

서냉가마에 들어가는 장면

을 계속 할 수 있게 만든 가마이다. 한때 조요(槽窯), 또는 통가마로 번역하여 부르기도 했다.

- 강화유리 : 1875년 프랑스 - 판유리를 급냉함으로써 표면에 압축응력을 생기게 하여 보통 유리보다 3~5배 강도를 높인 유리, 이론상으로는 7배로 본다. 깨어질 때 작은 파편으로 깨어지기 때문에 사람에게 위해를 방지할 수 있다.

- 안전유리 : 1879년 프랑스 - 2장의 판유리 사이에 필름으로 붙인 유리, 6.25 전쟁 때 본 경험으로는 군용차 앞창에는 총알 구멍이 무수히 뚫려 있었다. 깨어지긴 했으나 창은 그대로 붙어있어 찬바람을 막는다.

- 전구 : 1879년 미국

- 유리섬유 : 1893년 미국 - 장섬유(fiber)와 단섬유(wool)가 있으며, 단열, 방음, 여과재, 축전지용 격막, 전기 절연재, 플라스틱 보강재, 광통신용 등 용도가 다양하다.

- 창유리 원통법 : 1903년 미국

- 자동 제병기 : 1903년 미국

- 곱 피이더 : 1910년 미국 - 자동 제병기에 넣어줄 곱(유리덩어리) 공급장치.

- 엄파이어머싱 : 1912년 미국

- 내열유리 : 1915년 미국 - 불에 닿아도 깨어지지 않는 유리, B_2O_3계 유리.

- 창유리 플콜법 : 1916년 벨기에 - 데비토스를 사용하여 판유리를 수직으로 뽑아올리는 기계.

- 창유리 콜번법 : 1916년 미국 - 판유리 인상기 중 옆으로 뽑아내는 기계.

- 창유리 롤법 : 1918년 독일 - 녹은 유리를 로울러 사이로 흘려

보내어 판유리를 만드는 방법.

- 데너 관인기 : 1920년 미국 - 자동으로 유리관을 만드는 기계, 유리관은 세공 등 2차가공용으로 많이 쓰인다.
- 웨스트레이크밸브 자동성형기 : 1922년 미국 - 전구용 유리공 동구를 자동으로 연속적으로 만드는 기계.
- 리본밸브 자동성형기 : 1927년 미국
- 신종 광학유리 : 1936년 미국 - 굴절율과 분산율이 종래의 광학유리 범위에서 벗어난 유리가 필요하게 되어 란탄, 세륨, 토륨, 탄탈, 지르코늄, 티탄 등의 주로 희토류 원소를 함유한 붕산유리, 플르오르화물 유리이다.

롤법에 의한 판유리 성형

- 20인치 반사망원경 주입법 : 1935년 미국
- 다포유리 : 1940년 미국 - 유리안에 기포를 많이 생기게 한 유리이다. 발포제로 석회석 등을 쓰며, 경량 건축용 블록 등에 사용된다.
- 유리섬유 강화프라스틱 : 1940년 미국 - 유리섬유는 급냉 강화되어 강도가 강하다. 플라스틱은 강도나 물리적 성질이 매우 불량하므로 플라스틱과 유리섬유로 짠 천을 교차하여 바르면 매우 강인한 구조물의 자재가 된다. 용도로는 물탱크, 선박, 항공기, 건축자재 등 그 활용도가 매우 넓다.
- 뜨는 유리식(float식) 판유리 제조기 : 1959년 영국 필킹턴회사 - 녹은 유리를 밀도가 큰 녹은 주석 위에 띄워 연속적으로 뽑으므로 유리 표면에 요철이 없는 광활한 유리를 만들 수 있다.

10. 우리나라 유리

1) 고대 우리나라 유리

동양의 유리는 기원전 3세기경에 서양으로부터 유리그릇과 제조법이 중국으로 전해졌으며, 구슬 귀걸이 등 중국 특유의 것이 만들어졌으며 이것은 우리나라를 거쳐 일본으로 전해졌다고 한다. 일부 베트남 지방에서 포타시[1]란 이름으로 수입되었다고도 한다.

우리나라에서 가장 오래된 유리로는 기원전 2세기 부여 합송리 유적에서 출토 된 유리관 옥이 있다.

4세기 전반 (서기 340년 전후)에 조성된 금관가야 왕급 무덤인 대성동 91호분에서 약 5cm길이의 유리병 손잡이가 출토되었다.

부여 합송리 유적의 유리관 옥   대성동 91호분의 유리병손잡이

---

1) 포타쉬(potash)란 식물의 재를 물에 녹이고 이를 증발시켜서 얻는 고체 물질을 말하며, 포타슘(Potassium) 또는 칼륨을 포타쉬에서 분리하였으므로 붙여진 이름이다. 즉 카리석회유리를 말한다.

● **경주 금관총** 1921년 경주시 노서동의 한 민가(民家) 뒤뜰에서 건물 증축공사를 하던 중 금관 등 많은 유물이 발견되었으며, 처음 금관이 나왔다 하여 금관총이란 이름이 붙여졌다.

<금관총과 출토된 금관>

〈금관총에서 출토된 유리 유물들〉

● **서봉총(129호분)** 1926년에 발굴되었는데, 마침 일본을 방문 중이던 스웨덴의 황태자이며 고고학자인 구스타브 공작이 발굴에 동참하였다. 이 금관의 관에 세 마리의 봉황 모양이 장식되어 있기 때문에 스웨덴[瑞典]의 '서(瑞)'자와 봉황의 '봉(鳳)'자를 따서 서봉총이라고 이름을 붙인 것이다. (경주박물관 최남주 선생이 이 발굴에 참여하였는데, 후일 황태자가 왕이 된 다음 최남주 선생을 초청하였으나, 너무 늙었다는 핑계로 아들을 대신 보냈다고 한다.)

<서봉총>

<서봉총에서 출토된 유리 그릇>

● **천마총(155호고분)** 1973년에 발굴되었으며, 천마도, 금관, 금모 등 11,297점의 부장품이 출토되었다. 유물 중에 순백의 천마(天馬) 한 마리가 하늘로 날아 올라가는 그림이 그려진 자작나무 껍질로 만 든 천마도가 출토되어 천마총이란 이름이 붙여졌다.

<발굴 전 천마총>　　　　　　　<발굴 후 천마총>

<천마총 입구>　　　　　　　<유물 출토 장소>

<천마총에서 출토된 유리잔>

● **황남대총(98호 고분)**은 동서의 길이가 80m, 남북 무덤의 길이 120m, 높이가 25m나 되는 거대한 능으로 낙타 등처럼 굴곡이 져 있다. 1975년 발굴조사에 의해 북쪽의 능은 여자, 남쪽의 능은 남 자의 묘였다. 북분에서 금관을 비롯한 목걸이, 팔찌, 곡옥 등의 장 신구가 수천 점이 나왔으며, 남분에서는 무기가 주류를 이루는 2만 4900여 점의 유물이 쏟아져 나왔다.

발굴 전후의 황남대총

파상문배
물결무늬 유리잔

봉수형 수병

원형 커트문배

<황남대총에서 나온 유리 유물들>

　1973~75년에 발굴된 북분에서 출토된 유리잔이 신문에 보도되면서 그 당시 경주박물관장 정양모씨는 우리나라에서 만든 것이라 소개하였다. 박물관에 가서 관장을 만나 이견을 말하니, 기술의 단절이란 표현을 하면서 예로서 봉덕사신종 (에밀레종)의 상·하 두 부분을 붙이는 기술과 육중한 종의 무게를 지탱하는 핀의 강도 등을 들면서 나를 이해시키려 하였다. 얼마 지나지 않아 동국대학 교수가 중동지방에서 가지고 온 것이라고 쓴 기사를 보았고, 지금은 <로만 그라스 경주에 오다>란 표현을 하고 있다.

〈세계의 유리 유적지〉

1,2이탈리아 로마 3,4이탈리아 폼페이 5이집트 6시리아 팔미라 고분C 7~11시리아 12우크레인 드루조에 13우크레인 네이사츠 14러시아 크라스노다르 우스트-라빈스크, 네크로폴리스 No2고분90 15영국 16덴마크 17독일 콜로그네 룩셈부르크 거리 18독일 콜로그네 자코브 거리 19카자흐스탄 카라가치 20신강 니아 N8유지 21키르기스탄 케트멘-토브 드잘-아리크 고분 22신강 차말현 찰수노극1호묘지M49호묘 23몽골라 아르한게이 골모드2흉노묘 24하남성 낙양시 동교후한묘 25~28요령성 북표현 풍소불묘 29하북성 경현 조씨묘 30하북성 경현 봉마노묘 31경주시 월성로가 13호묘 32경주시 서봉총 33~37경주시 황남대총

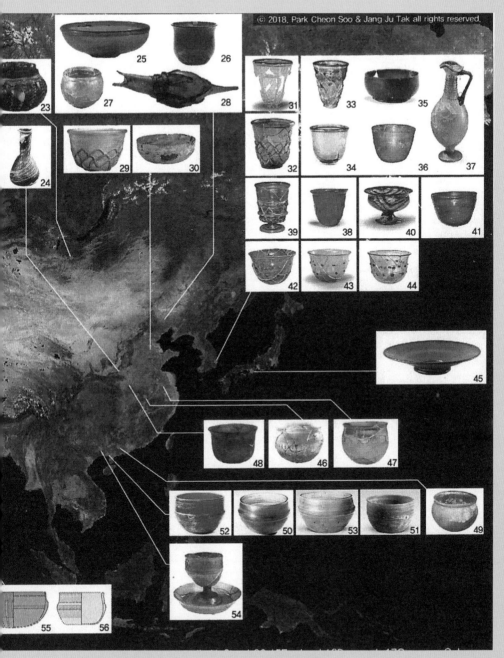

남분 38경주시 천마총 39경주시 금관총 40경주시 황남대총 북묘 41경주시 안계리4호분 42,43경주시 금령총 44협천군 옥전M1호분 45내량현 신택 126호분 46강소성 구용현 춘성 유송묘 47호북성 악성육조묘 48남양시 남양대학25호묘 49광동성 조경시 평석강동진묘 50,53광서 합포 문창탑M70호 51광서 합포 홍령두M34호묘 52광서 합포 황니강M1호묘 54광서 귀현 남두촌한묘 55,56인도 아리카메두 57,58인도 파타남 59~63아프가니스탄 베그람 64유럽

*2019년 시민강좌 「신라와 실크로드-유리기를 중심으로」 - 경북대 박천수 교수 자료(12p 전면사진) 참고

2) 근대 우리나라 유리

우리나라 유리는 도자기에 밀려 크게 발전하지 못하다가, 1902년 이용익이 건립한 국립유리제조소가 러시아 기술자의 협력으로 건설되었다. 병유리 생산 공장이었는데, 1904년 러일전쟁에서 러시아가 패함으로써 중단되었다.

그 뒤 1909년에 서울 서대문에 유리공장, 1931년에는 경성초자제조소가 건립되었고, 소규모의 유리공장이 병유리 수요를 충족하기 위하여 서울. 평양 부산 등 대도시에 건설되었는데, 1931년에는 유리공장이 전국에 6개, 1934년에는 24개의 공장이 있었다.

근대적 시설을 갖추고 본격적인 병유리를 생산하기 시작한 것은 1939년에 설립된 제2일본초자주식회사(광복 후 동양유리공업주식회사로 개명)가 주로 맥주병을 생산하였으며, 사이다병. 됫병도 생산하였으나 1943년 2차 대전으로 중단되었다.

그 뒤 광복이 되기까지 자동식과 수동식 시설을 겸비한 조선초자주식회사가 서울 영등포에 설립되었고, 반자동 시설을 갖춘 일광초자회사가 부산에 설립되었다. 그러나 모두 병유리 생산에 치우쳤고 시설은 근대화되었으나 운영은 활발하지 못하였다.

1945년 이후 약병 음료수병 화장품병 그 밖에 일용유리의 수요가 증가함에 따라 이를 충족시키기 위하여 도가니가마를 사용하는 소규모 공장이 남한에만도 47개나 생겼으나, 그 대부분은 재생 유리공장이었으며 간혹 원료조합으로 유리를 제조하는 경우도 있었는데, 1950년 6.25 사변으로 중단되었다.

그 후 도가니가마를 사용한 유리공장에서 국내 유리 제품의 수요를 공급해 오던 중 1957년 5월 부산에 있던 해남초자주식회사가 영등포에 자동시설을 갖춘 병유리 공장을 준공하였고, 후에 대한유리

공업주식회사로 개칭하여 활발한 병유리 생산을 시작하였다. 이 대한유리공업주식회사가 현재 두산유리주식회사에 흡수되어 근대화된 병유리 공장의 효시가 되었다.

한편, 1957년 9월에는 한국유리공업주식회사가 풀콜식 인상기에 의하여 국내 최초의 현대식 판유리공장을 인천에 준공함으로써 두산유리 주식회사와 더불어 우리나라 유리공업을 이끌어가는 근대화의 기수 역할을 하게 되었다.

그 뒤 1964년 유리섬유 생산, 1965년 판유리 자동생산, 1969년 무늬유리생산, 1977년 소다회 국산화, 1978년 광통신용 광섬유유리 개발, 1984년 광섬유유리 생산, 1988년 플로트 판유리 생산을 하였고, 석영유리, 결정화유리, 안전유리 등 새로운 상품이 개발 생산되고 있다.

1989년에 금강유리공업주식회사가 전주에 건립되었으며, 이해 한국유리협동조합에 가입되어 있는 업체 수는 77개소였다.

이야기-7 : 내가 찾은 인천판유리와 두산유리

70년 초반인 듯, 인천판유리를 찾아 갔다. 고등학교 동기 종윤(화공과) 군과 군필 후 4학년 1학기를 같이 공부한 성윤근 동문을 만났고, 이어 공장장(강영구?)을 만났는데, 나에게 현장에 바로 적용할 수 있게 교육을 하여야 한다는 것이다. 예를 들어 말하기를 자동제어에 대한 교육을 시켜달라는 것이다. 뜻은 이해하나, 현장에서도 보기 힘든 자동제어, 학교의 현실로는 어려운 주문이다.

이 분이 경북대학 교수를 지낸 분이라 들었으니, 대구출신이라 짐작이 되며, 그러기에 대구 친구들이 이 먼 곳으로 왔으리라는 생각도 해보았다.

그 후 부산 일광에 있는 동성판유리공장이 신설되었을 때 가보니 종윤 동기는 형판 과장에 성윤근 동문은 시험실 과장으로 있었다. 성 동문을 통하여 요업과 학생 4명과 화공과 학생 4명(실험실요원)을 현장실습 보냈는데 졸업 후 취업하게 하였다.

80년 전후쯤 경기도 광주에 있는 두산유리를 찾아갔다. 가면서 유리에 가장 많이 쓰이는 원료가 모래이니, 유리공장이 모래의 산지와는 먼 내륙에 있느냐 라는 생각을 하면서 갔다. 가보니 고급 크리스탈유리 컷트 가공하는 공장이었다. 고급유리에는 철분 함량이 적은 규석을 사용해야 하므로 모래의 산지와는 무관함을 알았다.

사장(최태섭?)을 만났는데, 자신이 단추사장이란 별명을 가진 사람이라면서, 그 연유를 설명한다. 옛날 와이셔츠를 사서 입으면 몇 번 안 입어 단추가 떨어진다. 그러니 종업원에게 단추 꿰매는 작업, 끝마무리를 철저히 하라고 누누이 강조한 것 때문에 단추사장이란 별명을 가지게 되었다고 설명해 주었다.

또 유리기술자는 보따리 짐 하나로 전국을 전전하는 직업이기에 장가도 못가고 안정된 생활을 가질 수가 없는데, 본사에서는 아파트를 마련해 주고, 사내결혼을 권장하는 등 안정된 삶을 누릴 수 있게 하여 줌을 자랑하였다.

제 2 편
유리 이론

제 1 장
유리의 분류

유리는 오랜 세월을 두고 발달하여 왔기 때문에 그 명칭이나 분류법 또한 달라져 왔다. 원료와 용도에 따른 일반적인 분류법 두 가지를 소개한다.

■ 분류 Ⅰ

1) 규산염 유리(Silicate glass)
    a. 규산 유리(Silica glass): SiO_2가 주성분, 석영유리.
    b. 규산알카리 유리(Alkali silicate glass): 물유리
    c. 납알카리 유리(Lead alkali glass): 플린트유리, 크리스탈유리.
    d. 소다석회 유리(Soda lime glass): 크라운유리, 판유리, 병유리.
    e. 카리석회 유리(Potash lime glass): 보헤미안 크리스탈유리
    f. 바륨 유리(Balrium slilicate glass): 바륨플린트유리,
                                     무알카리바륨유리.

2) 붕규산 유리(Boro silicate glass)
산성성분으로 B_2O_3와 SiO_2 성분이 들어 있는 유리. 염기성 성분으로는 보통 알카리 또는 약간의 Al_2O_3를 함유. 또는 알카리 대신

여러가지의 RO를 넣은 저알카리 또는 무알카리 유리가 있다.

3) 인산염 유리(Phosphate glass)

B_2O_3 또는 SiO_2와 함께 다량의 P_2O_5를 산성성분으로 한 유리이다. 적당량의 알카리 또는 알카리 토류산화물을 넣은 특수유리이다. 그 대부분은 R_2O, RO, R_2O_3 등으로 수식된 붕인산유리로 광학유리, 필터, 특수 관구유리 등에 응용되고 있다.

■ 분류 Ⅱ

A. 판유리(Flate glass)

  1. 박판(薄板) 유리

  2. 후판(厚板) 유리

  3. 안전 및 강화 유리

  4. 거울 유리

B. 공동(空洞) 유리(Hollow glass)

  1. 가정용 유리

    a. 소다석회 유리

    b. 크리스탈 유리

  2. 조명용 유리

    a. 압형 유리: 신호등, 카바글라스.

    b. 취성(吹成) 유리: 현광튜브, 전구밸브

  3. 전자관 유리: 진공관, x선관구, 브라운관.

  4. 이화학용 유리: 화학저항성 유리, 내열성 유리.

5. 의료용 유리: 주사기, 앰플.

6. 병유리: a. 무색. b. 청색. c. 갈색. d. 착색

C. 섬유유리(Fiber glass)
   1. 장섬유
   2. 단섬유

D. 광학유리(Optical glass)
   1. 크라운유리
   2. 플린트유리
   3. 필터유리
   4. 모조보석

이밖에도 조성, 제법, 용도, 색깔, 모양 등에 따라 여러 가지로 분류할 수 있다.

제 2 장
유리의 구조

X선 회절, 전자현미경, 결정화학 등의 학문의 발달은 유리의 구조 연구에 많은 도움을 주고 있다.

제 1절 유리의 상태

여러 가지 무기원소나 화합물의 용융액은 용융점에서 물과 거의 비슷한 점도를 가지고 있는데, 이것을 냉각하면 물질에 따라 각각 특유한 규칙적인 원자 배열을 하면서 결정상태의 고체로 된다.

〈그림 2-1〉과 같이 어떤 물질들은 용융점에서 매우 높은 점도를 가지고 있어서 이것을 액체 상태로 부터 냉각해 가면 점도는 더욱 높아져서 결정에서 나타나는 것과 같은 규칙성 있는 원자배열을 하지 못하면서 실용상으로는 고체와 같이 굳은 상태로 된다. 이렇게 굳은 물질을 반대로 가열해 가면, 점차 점도가 낮아지면서 액체가 된다.

이와 같이 생긴 고형물을 유리라 하고, 이것을 유리의 상태라고 한다.

고온인 액체 a를 냉각하면, 보통의 물질은 용융점 Tm에서 굳어서 결정상태의 고체로 되어 부피가 급격히 줄어든다 (b→c).

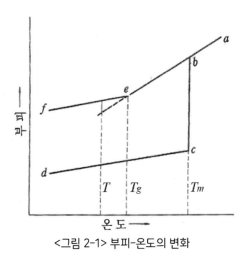

<그림 2-1> 부피-온도의 변화

그러나 앞에서 말한 바와 같이 이와는 다른 변화를 하는 물질이 있다. 즉, 용융점을 지나도 급격히 부피가 줄어들지 않고 과냉각된 상태로서 b→e에 따라서 부피가 줄어드는 경우이다.

이것을 더 냉각하면 온도 Tg에 이르렀을 때부터 결정체와 비슷한 비율로 부피가 줄어들기 시작한다(e→f). 이때의 상태 즉 e→f의 사이에 있는 것을 유리의 상태에 있다고 한다.

이 때 Tg에 있어서는 부피의 수축만이 변하는 것이 아니라 비열, 전기저항 같은 물리적 양도 급작스러운 변화를 하게 된다. 어떤 물질의 액체는 b→c를 지나 결정이 되기도 하고, b→e를 지나 유리가 되기도 한다. 결정이 되는 경우는 냉각속도가 비교적 느린 때이며, 유리가 되는 경우는 냉각속도가 빠른 때이다.

유리의 상태를 정리해 보면, 액체를 냉각했을 때 결정이 생기지 않고 과냉각된 액체 상태를 거쳐 점도가 아주 커지면서 원자가 규칙적으로 배열하지 못한 채 굳어진 상태라고 할 수 있다.

제 2 절 유리의 형성

1. 망목형성 이온

산화물에는 그 자체만으로 유리가 될 수 있는 것과 될 수 없는 것이 있는데, 이 기본적인 문제에 대한 최초의 답은 1932년 자카라이아젠(Zachariasen)에 의하여 제시되었다.

즉, 유리를 형성하고 있는 원자간의 결합은 본질적으로 결정과 같으며, 3차원적 구조를 가진 망목상으로 분포되어 있다고 할 수 있다. 그러나 X선 회절상에는 결정과 같은 선명한 회절선이 나타나지 않으므로 불규칙 망목구조로 되어 있다고 볼 수 있다.

이에 따라 자칼라이아젠(Zachariasen)은 유리형성에 필요한 아래 4가지 조건을 규정하였다.

① 1개의 산소이온은 2개 이상의 양이온과 결합하지 않는다.

② 이온을 둘러싸고 있는 산소이온의 수는 3~4개이다.

③ 양이온을 중심으로 하는 산소다면체는 서로 모서리에서 연결되며, 능선 또는 면을 공유하지 않고 3차원적 망목구조를 형성한다.

④ 산소다면체는 적어도 세 모서리가 서로 연결되어야 한다.

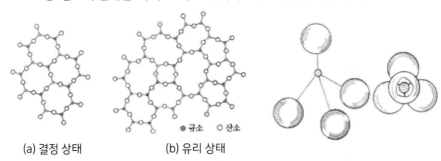

(a) 결정 상태   (b) 유리 상태

●규소 ○산소

<그림 2-2> 실리카의 2차원적 표시   <그림 2-3> SiO$_4$의 3차원적 표시

이러한 조건을 만족하는 산화물은 단독 또는 다른 산화 물과 함께 유리를 형성할 수 있다. 이러한 산화물을 유리형성 산화물이라 한다. 유리형성 산화물에는 다음과 같은 것들이 있다.

SiO_2, B_2O_3, P_2O_5, As_2O_3, Sb_2O_3, GeO_2.

이와 같은 산화물을 만드는 양이온을 망목형성이온(Network-Former 또는 N.W.F)이라 한다.

2. 망목수식 이온

자카라이아젠의 네가지 조건을 만족시키지 못하는 Na_2O, K_2O, CaO, BaO 등은 4가지 이상의 산소와 배위되고, 양이온의 반지름이 크기 때문에 단독으로는 유리를 형성하지 못한다. 그러나 어느 범위 안의 혼합비에서는 유리형성산화물과 함께 용융하면 망목규조의 빈 공간에 끼어들어 유리를 이루는 성분이 된다.

이와 같이 산화물 그 자체로는 유리를 형성할 수 없으나, 유리형성 산화물과 배합하면 이들과 어울려서 유리가 되는데, 그 유리에 적당

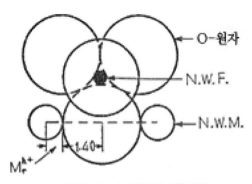

<그림 2-4> 수식이온의 A형 배위

한 성질을 줄 수 있는 산화물을 망목수식산화물이라 하고, 그 안에 있는 양이온을 망목수식이온(Network-Modifier 또는 N.W.M)이라 한다.

3. 유리의 형성과정

망목형성산화물인 SiO_2에 망목수식산화물인 Na_2O가 들어가서 유리를 형성하는 과정을 보면, SiO_2유리는 4개의 산소원자가 규소원자를 중심으로 하여 사면체의 꼭지점에 위치해서 SiO_4인 사면체를 이루고, 자카라이아젠의 조건을 만족시키면서 유리를 형성하고 있다. 이를 평면으로 나타내면 〈그림 2-5〉와 같다.

이 그림에서 볼 수 있는 바와 같이, 2개의 규소 원자는 7개의 산소 원자와 연결되어 있으며, 4의 산소 원자는 2개의 규소 원자와 연결되어 있다. 실제 SiO_2유리에서는 산소원자들이 대부분 〈그림 2-5〉와 같은 연결을 하고 있다. 여기에 Na_2O가 들어가는 순서를 나타내면 〈그림 2-6〉과 같다.

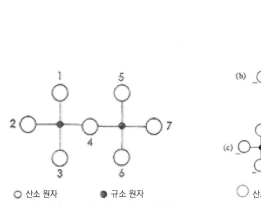

○ 산소 원자   ● 규소 원자

〈그림 2-5〉 두 SiO_4사면체의 연결

○ 산소   ● 나트륨   ● 규소

〈그림 2-6〉 SiO_2에 Na_2O가 들어가는 순서

즉, Na_2O는 2개의 SiO_4사면체를 연결하고 있는 산소원자를 타개하고 Na_2O의 산소는 타개된 사면체 안에 들어가서 규소원자와 결합하게 되며, 양이온인 Na^+은 주위의 산소와 전기적 중화를 이룰 수 있는 위치에 들어가게 된다. 〈그림 2-7〉은 이와 같은 순서로 SiO_4사면체가 연결된 곳에 Na_2O가 들어가 있는 상태를 나타낸 것이다. 이러한 상태를 더 넓혀서 Na_2O-SiO_2계 유리구조를 나타내면 〈그림 2-8〉과 같다.

Na^+과 같이 이온반지름이 크고, 원자가가 적은 것일수록 망목구조 안에 들어가기가 쉽다. 다시 말하면 실리카와 같은 유리 형성의 망목구조를 타개하기 쉬우며, 알카리금속, 알카리토금속 이온은 이러한 조건을 구비하고 있어 유리화를 쉽게 해 주고 있다.

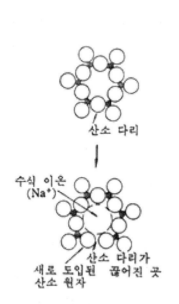

<그림 2-7> 사면체군에 Na_2O가
들어가는 2차원적 표시

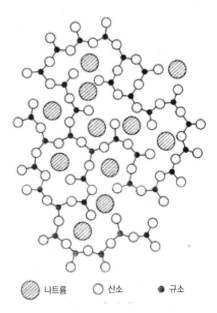

<그림 2-8> Na_2O-SiO_2 유리의
2차원적 망목 구조

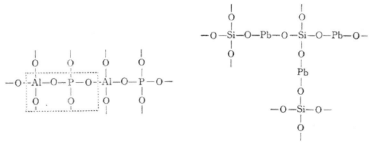

<그림 2-9> 2PbO·SiO$_2$ 유리의 결합관계

4. 유리의 형성한계

유리형성산화물에 유리수식산화물의 첨가량을 늘려 가면, 망목형성 이온을 중심으로 한 산소다면체는, 양이온 하나에만 연결되는 산소원자의 수가 늘어나게 된다. 이는 망목구조가 점점 개방적으로 되어 간다는 것이며, 따라서 유리의 구조가 약화되어 간다는 것을 뜻하는 것이다.

다시 말하면 Na$_2$O-SiO$_2$계 유리에서 Na$_2$O의 양을 증가시키면 점도나 연화온도는 내려가는데, 실투현상이 높아지는 것은, 위의 사실을 증명하는 것이다. 위의 현상은 규소와 산소의 원자수 비의 관계를 따져 보면 곧 알 수 있다.

망목형성이온을 둘러싸고 있는 산소 원자 중, 양이온 둘과 결합하고 있는 산소원자 수가 평균 Y개라 하면, 이 Y는 산소다면체의 평균연결 수와 같다고 볼 수 있다. 이 Y의 값은 유리의 성질에 큰 영향을 끼친다. Y의 값은 산소다면체의 구조가 강한지 약한지를 판단하는 기준이 되며, Y의 값이 적다는 것은 산소원자가 1개의 양이온과 결합한 수가 많다는 것을 뜻하며, 따라서 망목구조가 엉성해 진다는 것을 뜻하는 것이다.

O/Si = R이라 하고, 규소 하나와만 연결한 산소원자수를 X, 망목 형성이온의 배위수를 Z라 하면 다음 식이 성립된다.

$$X + Y = Z \quad X + 1/2Y = R$$

위의 식은 다음과 같이 쓸 수 있다.

$$X = 2R - Z \quad Y = 2Z - 2R$$

Na_2O-SiO_2계 유리에서 Si_4^+의 배위수는 4이고, R, X, Y의 관계는 〈표 2-1〉과 같다. 이 때, Y>3인 경우에는 SiO_4사면체가 자카라이아젠의 조건을 다 만족시키게 되어 안정한 유리가 되고, Y = 2인 경우에는 모든 산소 사면체가 모서리에서만 연결되므로 사면체가 사슬모양으로 되어 유리 형성이 곤란해진다. Y의 값이 이보다 적어지면, 사면체의 연결은 짧게 끊어져 유리를 형성할 수 없게 된다. 그러므로 유리의 형성 한계는 Y = 2가 된다.

〈표 2-1〉 Na₂O-SiO₂계 유리에서 R, X, Y의 관계

유리의 조성	SiO_2	$Na_2O \cdot 2SiO_2$	$NaO \cdot SiO_2$	$2Na_2O \cdot SiO_2$
R	2	2.5	3	4
X	0	1	2	4
Y	4	3	2	0

제 3 장
유리의 원료

지금까지 알려진 원소의 약 2/3에 해당하는 65개 정도의 원소는 산화물의 형태로 유리를 형성할 수 있으나, 실제 공업적으로 이용되는 유리 구성 원소는 14개로서 규소, 붕소, 인, 알루미늄, 철, 나트륨, 칼륨, 마그네슘, 칼슘, 바륨, 납, 아연, 플루오르, 산소 등이다.

위와 같은 유리 구성 원소를 쓰는 원료의 종류는 많으나, 유리의 주성분을 공급하는 주원료와, 유리의 특수한 성질을 가지게 하거나 제조상의 조작을 쉽게 하기 위해 넣는 부원료로 나눈다.

제 1 절 주원료

1. 실리카 원료

보통규산염유리에는 SiO_2가 65~75%나 들어있으므로 실리카원료가 가장 많이 쓰인다. 유리원료로 쓰이는 실리카원료는 규사나 규석이다. 유리원료는 알갱이 상태나 분말 상태로 조합하므로 분쇄공정의 경비를 고려할 때 규석보다 규사를 사용하는 것이 유리하다.

그러나 규사로는 순도가 높은 것을 얻기가 어려우므로 광학유리나

크리스탈유리를 만들 때에는 분쇄의 경비가 들더라도 규석을 써야 한다.

철분은 유리에 좋지 못한 색깔을 띠게 하므로, 원료 중의 철분 혼입은 반드시 피해야 한다. 실리카 원료는 다른 어느 원료보다 많이 쓰이므로 이의 철분 함유량은 특히 제한을 받는다.

<표 3-1>   실리카 원료의 철분 허용량

유리의 종류	Fe_2O_3의 허용한도(%)	유리의 종류	Fe_2O_3의 허용한도(%)
광학유리	0.02	이화학용유리	0.1
크리스탈유리	0.04	무색병유리	0.1
판유리	0.3	청색·갈색 유리	2.5
거울유리	0.1		

규사의 종류는 지질학상 잔류 규사와 침적 규사의 두 가지로 나눌 수 있는데, 잔류 규사는 화성암이 풍화 작용으로 카올린화할 때 생긴 것으로 석영 입자만이 모암의 위치에 남은 것이다. 생성 조건에 따라 카올린화의 진행 정도나, 생성물인 점토가 원위치에 남는 양이 달라져서 잔류 규사 중에 들어 있는 미분해 모암 입자 및 점토량은 생산지에 따라 차이가 있다. 유리 원료로는 미분해 모암 입자의 잔류량이 적은 것이 좋고 점토분도 적을수록 좋지만, 점토는 물로 쉽게 씻어 낼 수 있으므로 다소 들어 있는 것은 별 문제가 되지 않는다.

침적 규사는 점토와 함께 물에 떠내려가다가 석영 입자만이 침적해서, 냇가나 바닷가의 모래로 쌓인 것이다.

규사에 들어 있는 불순물은 대개 Al_2O_3, Fe_2O_3, TiO_2, CaO, MaO, Na_2O, K_2O 및 유기 물질들이다. Fe_2O_3 이외의 것은 특별히 양이 많지 않은 한 일반 유리를 만드는 데는 그다지 문제가 되지 않

는다. TiO_2는 다량 혼입되는 경우가 없으며, 광학 유리 같은 특수 유리가 아닌 한 문제가 되지 않는다. CaO, MaO, 알카리 금속 등은 유리의 성분으로 넣어 주는 것이므로, 함유량만 일정하면 어느 정도의 양은 아무 지장이 없다. 그러나 유기물은 적은 양이라 하더라도 유리에 좋지 못한 색깔을 띠게 되므로 제거해야 한다.

우리나라의 규사는 순도가 높아 유리 원료로 적합하며, 서해안 일대에서 많이 산출되고 있다.

\<표 3-2\> 　　　　　　　　　**규사의 분석값** 　　　　　　　(단위 : %)

산 지	SiO_2	Al_2O_3	Fe_2O_3	CaO	MaO	강열 감량
안면도	98.60	0.70	0.12	0.10	–	0.30
	95.10	2.78	0.75	0.20	0.30	0.40
흑산도	95.60	1.59	0.40	0.14	0.59	0.58
	94.60	2.10	0.20	0.42	0.51	0.60
보령	93.40	3.27	0.24	0.32	0.40	0.90
	92.60	3.80	0.45	0.37	0.42	0.70

\<표 3-3\> 　　　　　　　　　**규석의 분석값** 　　　　　　　(단위 : %)

산 지	SiO_2	Al_2O_3	Fe_2O_3
경기 화성군	98.61	0.88	0.13
충북 제천군	99.26	0.29	0.07
충남 서산군	98.90	0.20	0.09
경북 김천군	98.15	0.96	0.18
전남 보성군	98.20	1.04	0.12
강원 횡성군	99.07	0.67	0.06

또, 유리 원료로서의 규석의 분말이나 규사의 입도는 중요하며, 도

가니에서 용융할 때에는 탱크가마와는 달리 용융 시간이 짧고 용융 유리면에서 기류가 심하게 움직이지 않으므로 규사 원료의 입도는 비교적 작아도 좋다. 그러나 탱크 가마에서는 불꽃이나 연소 가스가 유리면 위를 심하게 흐르므로, 그 기류 때문에 원료 중의 미세한 입자는 용융되기 전에 날아가기 쉽다. 이렇게 되면, 원하는 유리 조성을 얻지 못하고 가마의 내화물을 쉽게 상하게 하므로, 탱크 가마용 규사 원료는 비교적 조립이고 미립자가 없는 것이 좋다. 그러나 입자가 지나치게 굵으면 용융 시간이 너무 길어지게 되고 미용융 상태로 남기 쉬우므로 그 입도는 적당한 범위의 것이어야 한다.

<표 3-4>　　　　　　　　　　규사의 적당한 입도

종류	최고	최적	최저
도가니가마용	200μm (70메시)	180~150μm (80~100메시)	–
탱크가마용	600μm (30메시)	500~200μm (35~60메시)	100μm (140메시)

2. 붕산 원료

붕산 원료로는 붕산(H_3BO_3)과 붕사($Na_2B_4O_7 \cdot 10H_2O$)의 두 가지가 사용된다. 우리나라에는 붕산 자원이 전혀 없으므로, 이 원료는 전부 수입하여 쓰고 있다.

남미 또는 캘리포니아에서 산출되는 콜레마나이트(colemanite)라는 붕산칼슘광($Ca_2B_6O_{11} \cdot 5H_2O$)을 원료로 하여 제조된 붕산 및 붕사가 세계 수요를 충당하고 있다.

붕산을 가열하면 분해해서 메타붕산, 피로붕산을 거쳐 B_2O_3로 된다.

$$H_3BO_3 \xrightarrow[\text{탈수}]{100°C} HBO_2 \xrightarrow[\text{탈수}]{160°C} H_2B_4O_7 \xrightarrow[\text{탈수}]{\text{강열}} B_2O_3 (\text{유리})$$

이와 같이 해서 생긴 B_2O_3는 공기 중에 두면 흡습해서 앞에서와는 반대 방향의 반응을 하여 H_3BO_3으로 되돌아간다.

붕사를 가열하면 62℃에서 결정수의 일부가 떨어져 $Na_2B_4O_7$·$5H_2O$로 되며, 떨어져 나온 물은 붕사를 용해한다. 318℃ 이상으로 가열하면 스펀지같이 부풀어 결정수를 다 잃은 무수 붕사가 된다. 유리 원료를 조합하여 용융할 때에는 너무 부풀어 올라 넘치는 경우가 있다. 이때에 무수 붕사의 분말을 쓰게 되는데, 이 무수 붕사는 저장을 잘 하지 않으면 공기 중에서 흡습하여 $Na_2B_4O_7$·$5H_2O$로 되므로 주의해야 한다. 그리고 무수 붕사는 730℃에서 녹아 유리가 되나, 이 유리는 물에 잘 녹으므로 실용 유리로는 될 수 없다.

유리 성분으로서의 B_2O_3은 저팽창성, 화학적 내구성, 내열성 등에 큰 효과를 나타내며, 붕규산유리의 주요 성분이다. 원료로는 붕사가 붕산보다 싸므로 가능한 한 붕사를 쓰고 있다. 그러나 붕사는 B_2O_3 1몰에 Na_2O 1/2몰을 함유하고 있으므로 목표로 하는 유리의 조성 중에 B_2O_3을 전부 붕사만으로 충당시킬 수는 없다. 따라서 고붕산 저알칼리유리나 무알칼리 붕규산유리인 경우에는 붕산을 사용하게 된다.

3. 인산 원료

특수한 인산염 유리인 나트륨 방전관 밸브, 적외선 차단 유리, 내플루오르산 유리 등에는 P_2O_5가 주요한 유리 성분으로 가해진다. 인산 원료로는 제이인산염 중의 알칼리염, 인산칼륨 이외에도 제조 조건에 따라서 인산(H_3PO_4), 메타인산알루미늄[$Al(PO_3)_3$], 메타인산칼슘[$Ca(PO_3)_2$]등이 쓰인다.

4. 알칼리 원료

(1) 소다회

Na_2O의 공급 원료로 가장 중요한 것은 소다회이다. 현재는 주로 암모니아소다법(솔베이법)으로 제조된 소다회가 사용되고 있으며, 이 제품에는 경회(light ash), 중회(dense ash) 및 입회(granular ash)의 세 가지 종류가 있다.

경회는 겉보기 비중이 약 0.7~1.0인 가벼운 분말이며, 이 경회에 적당한 양의 물을 가하여 탄산나트륨-일수화-염($Na_2CO_3 \cdot H_2O$)의 결정을 만든 후 이를 구워서 탈수시켜 겉보기 비중이 1.1~1.5가 되도록 한 것을 중회라 한다.

또, 경회를 850℃이상으로 가열해서 녹인 용융물을 흘리면서 공기로 불어 입상으로 만들면 입회가 되는데, 이것은 겉보기 비중이 커서 1.5나 된다.

유리 원료로는 규사 때와 같은 이유로 비중이 큰 것이 좋으며, 따라서 중회 또는 입회가 사용된다. 소다회는 화학공업 약품이므로, 천연 원료와는 달리 불순물에 관한 문제는 별로 없다. 불순물로는 $NaCl$이 가장 많이 함유(0.5~1.0%) 되어 있는데, 유리 제조에는 아무런 지장이 없다. 그 밖에 $CaCO_3$, $MgSO_4$, Na_2SO_4, Al_2O_3, Fe_2O_3 등의 불순물이 들어 있으나, 그 양이 매우 적으므로 문제가 되지 않는다.

(2) 황산나트륨

황산나트륨 ($Na_2SO_4 \cdot 10H_2O$)은 여러 화학 공업의 부산물로 얻어진다. 비스코스 레이온 제조할 때 방사 폐액, 질산 제조 또는 제염의 부산물로 나온다. 유리 원료로는 결정수가 없는 무수 황산나트륨이 적합하므로 보통은 탈수된 상태로 쓰인다.

Na_2SO_4는 843℃에서 용융하는데, SiO_2와는 약 1200℃부터 반응한다. 미반응의 Na_2SO_4는 용융 유리의 표면으로 떠올라 젤(gel)을 형성한다.

환원 불꽃 또는 환원제를 써서 Na_2SO_4를 환원하면 SiO_2와 쉽게 반응하게 되므로, 황산나트륨을 쓸 때에는 조합물에 환원제로 무연탄, 코크스 등과 같은 탄소 물질을 첨가해 주면 된다. 이때 일어나는 화학 반응은 다음과 같다.

$$Na_2SO_4 + C = Na_2SO_3 + CO$$
$$Na_2SO_3 + SiO_2 = Na_2O \cdot SiO_2 + SO_2$$

이때, 탄소가 부족하면 골이 생기기 쉽고 너무 많으면 여분의 탄소 때문에 유리가 갈색 또는 회색으로 착색하게 된다. 탄소의 첨가량은 황산나트륨의 5% 정도가 적합하나 가마의 조건이 각각 다르므로, 이를 일률적으로 확정하기는 어렵다.

황산나트륨은 분해 온도가 높고 뒤에서 설명하는 바와 같이 청징에 유효한 작용을 하므로, 소다회의 일부를 황산나트륨으로 치환해서 배합하는 경우가 있다.

그러나 사용량이 지나치면 유리 원료의 용융 온도를 높일 뿐만 아니라, 이산화황의 발생으로 가마 재료를 상하게 할 염려가 있으므로 주의해야 한다.

5. 칼륨 원료

일반적으로 사용되는 칼륨 원료는 탄산칼륨(K_2CO_3) 이며, 이는 암염과 함께 산출되는 KCl, $MgCl_2$, $MgSO_4$, K_2SO_4등에서 KCl또는 K_2SO_4를 추출, 정제한 다음, 이를 원료로 해서 소다회 제조의 르블랑법과 같은 방법으로 만든다.

여기에 들어 있는 불순물을 Na_2CO_3, K_2SO_4, KCl 등이며, 이들은 유리 제조에 큰 지장을 주지 않으므로 별 문제가 되지 않는다.

탄산칼륨 이외의 원료로 K_2O를 공급할 수 있는 것에는 칼륨장석($K_2O \cdot Al_2O_3 \cdot 6SiO_2$), 질산칼륨($KNO_3$) 등이 있다.

K_2O는 유리에 광택을 주고, 색유리의 색조를 아름답게 하므로, 크리스털 유리, 고급 색유리, 광학 유리, 이밖에 이화학용 유리를 제조하는 데 첨가된다.

6. 산화칼슘 원료

소다석회유리의 기본 성분의 하나인 CaO를 공급해 주기 위하여 일반적으로는 석회석($CaCO_3$)을 쓰며 경우에 따라서는 수산화칼슘 $[Ca(OH)_2]$ 또는 산화칼슘(CaO)을 쓰기도 한다.

우리나라 에서는 양질의 석회석이 풍부하게 산출되고 있다. 석회석에 함유되어 있는 불순물로는 MgO, Al_2O_3, Fe_2O_3, SiO_2 등이 있는데, $CaCO_3$이 97% 이상인 석회석이면 보통유리의 원료로서는 충분하다.

철분의 함유량에 대해서는 주의해야 하는데 석회석의 사용량은 실리카 원료의 $\frac{1}{10} \sim \frac{1}{5}$이므로 석회석과 함께 혼입되는 Fe_2O_3은 비교적 적어 산화칼슘 원료 중의 Fe_2O_3이 0.1% 이하이면 보통 유리의 원료로서는 별 지장이 없다.

석회석은 유리화 반응을 할 때 소다회처럼 많은 이산화탄소를 방출하는데 이 가스의 발생은 용융된 유리의 혼합과 청징에 큰 도움을 주며, 또 유리의 균질화에도 도움을 준다. 그러나, 용량이 작은 도가니에서 유리를 용융할 때에는, 이산화탄소의 발생량이 너무 많으면 유리가 넘쳐 흐르는 수가 있으므로 이 때에는 석회석의 일부 또는 전부를 수산화칼슘 또는 산화칼슘으로 바꾸어 주는 것이 좋다.

석회석의 입자는 실리카 원료와의 반응이 쉽게 되므로, 실리카원료에 비해 다소 거칠어도 되며, 대체로 0.3mm이하의 입자가 80% 정도이면 무방하다.

7. 마그네시아 원료

전에는 MgO가 유리의 주요 성분이라고 생각하지 않았으나, 근래에는 이것이 유리에 주는 효과가 크다는 것이 알려져 판유리, 전기유리, 병유리 등에 첨가해 주게 되었다. CaO의 일부를 MaO로 치환해 주면 고온에서의 유리 점도가 낮아지고, 실투 현상을 방지해 주는데 효과가 있으며 또 열팽창 계수도 작아져서 내열성 향상에도 효과가 있다.

마그네시아의 공급 원료로는 공업 약품인 하소 마그네시아나 염기성 탄산마그네슘 ($3MgCO_3 \cdot MgO \cdot xH_2O$)등이 사용되기도 하나, 이들은 용융이 어렵거나 또는 아주 가벼운 미분말로서 MgO의 함유량도 일정하지 못한 결점이 있으므로 보통은 돌로마이트 ($MgCO_3 \cdot CaCO_3$) 또는 돌로마이트질 석회석을 쓴다.

이 원료는 CaO와 MgO의 함유량에 따라 석회석과 함께 쓰든지, 또는 단독으로 쓴다.

우리나라에서 품질이 좋은 돌로마이트가 많이 산출되고 있는데, 이들은 비중도 알맞고 조성도 비교적 안정하며 값도 싸므로 공업 약품보다 사용하기가 좋다.

8. 산화바륨 원료

BaO는 용융제로서의 작용이 크므로 무알칼리 유리를 만드는 데 이용되고, 또 이것은 굴절률을 크게 하므로 광학 유리의 성분으로 중요하다. 또 열선흡수능을 높이기 위한 텔레비전 브라운관 유리의 성분 등으로 매우 중요하다

BaO의 공급 원료로는 중정석(황산바륨, $BaSO_4$)을 쓰는 경우도 있으나, 대개의 경우에는 공업 약품인 탄산바륨($BaCO_3$)을 쓴다. 이는 유리를 용융할 때 점토질 내화물을 심하게 침식하므로, 탄산바륨을 원료에 배합할 때에는 이 점에 특히 유의해야 한다.

9. 산화납 원료

PbO는 납유리의 주요 성분으로, 그 공급 원료는 일반적으로 연단(red lead)또는 광명단이라 하는 것을 쓰는데, 이것은 Pb_3O_4를 주성분으로 하는 붉은색의 무거운 분말이다. 시중에서 판매되는 연단의 색깔은 붉은색으로부터 주황색을 띤 것까지 있는데 이것은 붉은색인 Pb_3O_4에 노란색인 PbO(litharge)가 혼입되어 있기 때문이다. 연단은 금속 납을 공기 중에서 가열 산화하여 만든 것인데, 전부를 순수한 Pb_3O_4로 하기는 어렵다.

그러므로 연단이 순수한 Pb_3O_4라고 생각하면 안 되며, 보통 PbO의 상태로 약 25%정도가 혼입되어 있다.

유리 원료로서 주의해야 할 점은 PbO함유량의 다소보다는 오히려 그 함유량의 변동이다. 따라서 연단은 분석에 의하여 PbO의 함유량을 안 다음 사용하는 것이 중요하다.

연단의 불순물로는 $BaSO_4$, 점토 광물, SnO_2, Fe_2O_3, Sb_2O_3, CaO, NiO, CuO 등이 있는데, 이 중 Fe_2O_3, NiO, CuO와 같은 착색 물질의 함유에 주의해야 한다.

10. 산화아연 원료

ZnO가 유리 성분으로 들어가게 되면 화학적 내구성이 커지고 팽창도 적어지므로 이화학용 유리, 온도계용 유리등에 쓰이며, 또 셀렌레드, 카드뮴 옐로와 같은 착색 유리에 첨가되면 안정하게 발색하는 데 도움을 준다.

이 성분의 공급 원료는 산화아연 그대로이며 함유되어 있는 불순물은 PbO, CaO, Fe_2O_3 등인데, 함유량이 적기 때문에 문제가 되지 않는다.

11. 알루미나 원료

(1) 알루미나 및 수산화알루미나

이들은 금속 알루미늄을 제조할 때 중간 제품으로 나오는 것으로 순도가 높은데, 유리화 과정에서 알루미나(Al_2O_3)보다 수산화알루미늄[$Al(OH)_3$]이 화학적 활성이 더 크기 때문에 더 많이 쓰이고 있다. 둘 다 다른 알루미나 원료들에 비하여 값이 비싸므로 고급 유리에 쓰인다.

(2) 카올린

화학 성분이 $Al_2O_3 \cdot 2SiO_2 \cdot 2H_2O$로 되어 있는 광물인데, 수비 (washing)로 정제하여 철분을 제거한 것을 쓴다.

카올린을 원료에 혼합할 때에는 가소성 때문에 카올린이 몰려서 굳어지는 경향이 있는데, 이렇게 되면 용융과 균질화가 잘 안 되어 줄이 생기기 쉬우므로 주의해야 한다.

(3) 장석류

장석에는 칼륨장석($K_2O \cdot Al_2O_3 \cdot 6SiO_2$), 나트륨장석($Na_2O \cdot Al_2O_3 \cdot 6SiO_2$), 칼슘장석($CaO \cdot Al_2O_3 \cdot 2SiO_2$) 등이 있는데, 천연산 장석은 단독으로 산출하는 일이 거의 없이 서로 섞여 있다. 이것은 비교적 철분의 함유량이 적고, 값도 싼 편이며 용융도 쉬우므로, 품질만 안정되면 알루미나의 공급 원료로서 가장 적합하다.

<표 3-5>		카올린 및 장석의 분석값					(단위 : %)	
산지	SiO_2	Al_2O_3	Fe_2O_3	CaO	MaO	K_2O	Na_2O	강열 감량
하동 카올린	45.04	39.70	0.13	0.46	0.20	–	–	13.95
산청 카올린	45.09	39.90	0.25	0.21	0.25	–	–	13.95
해남 카올린	41.56	41.59	0.23	0.30	0.39	–	–	14.22
김천 장 석	63.51	22.72	0.20	0.19	흔적	12.00	0.90	–
안양 장 석	68.38	19.40	0.26	0.66	흔적	0.31	10.34	–

12. 파유리

유리가 원료로부터 완제품이 될 때까지의 제조 과정에서 파손, 변형, 불용 부분 등이 생겨 자연 파유리가 생기게 되는데, 공장에서는 반드시 일정한 비율로 원료에 파유리를 섞어 준다.

이것은 파유리를 회수한다는 경제적 이유도 있지만, 한편 기술적인 면에서도 필요한 것이다. 유리를 혼합하면 용융 가마에서 심한 기류로 분말이 날아가는 것을 방지 할 수 있고 유리의 용융 온도를 낮출 수 있으며, 용융속도도 빨라지고 균질도나 기계적 강도도 높아진다. 또 새 내화물의 내벽을 녹은 파유리로 미리 발라 주면 어느 정도 침식을 막을 수 있다.

이와 같은 효과를 올리기 위하여 보통 파유리를 30~40% 정도 첨가 해 주는 것이 통례인데, 조합물에 넣을 때에는 적당한 크기로 부숴서 용융이 쉽게 되도록 한다.

제 2 절 부원료

1. 플럭스 또는 청징제

비교적 적은 양을 넣어서 용융 또는 청징을 돕는 것을 플럭스(flux) 또는 청징제라 하며, 다음 각 원료들은 이 두 가지의 작용을 동시에 한다.

(1) 초석

특별한 경우가 아니면 보통 질산나트륨($NaNO_3$)를 쓰고, 값이 비싼 질산칼륨(KNO_3)은 잘 쓰지 않는다. 요즈음은 천연산 칠레 초석 대신 합성 질산나트륨을 쓴다.

SiO_2에 대한 $NaNO_3$의 강한 반응성 때문에 플럭스로 쓰이는 것이며, 따라서 내화물에 침식성도 크다. 그러나 초석은 값이 비싼 편이므로 그 사용량은 전 알칼리 성분의 10~15%를 치환할 정도로 한다.

초석의 청징 작용은 다음에 설명하는 바와 같이 아비산 또는 산화안티몬과 함께 써야만 효과가 나타나며, 단독으로는 그다지 큰 효과를 나타내지 않는다. $NaNO_3$는 열분해를 하여 산소를 방출하므로, 원료 중의 유기물, 황분, 철분, 아비산 등을 산화하는 데 매우 유효하다.

(2) 황산나트륨

Na_2SO_4는 분해 온도가 1200℃ 이상이나 되며, 이때 열분해로 발생하는 가스는 청징 작용에 효과가 있다. 적은 양의 소다회의 일부로 나트륨을 치환해 주는데, 이때에는 환원을 목적으로 하는 탄소를 첨가하지 않아도 된다.

(3) 황산암모늄

인조 비료인 황산암모늄을 그대로 쓸 수 있다. 그러나 주성분인 $(NH_4)_2SO_4$는 소다회와 작용하면 Na_2SO_4와 $(NH_4)_2CO_3$로 복분해 하는데, $(NH_4)_2CO_3$는 매우 분해를 잘 하는 물질이므로 이미 원료를 혼합할 때 분해를 시작하여 암모니아가스가 발생되어 냄새가 난다. 그러나 반응 생성물인 Na_2SO_4는 원료 조합물 안에 남아서, 앞에서 말한 바와 같이 황산나트륨의 청징 효과를 나타낸다. 황산암모늄 첨가의 적당량은 규사의 0.5~1.0% 정도이다.

(4) 붕산 및 붕사

유리 성분으로 B_2O_3를 공급하는 것이 목적이 아니고, 플럭스로서 붕산 또는 붕사를 적은 양을 넣을 때가 있다. 그러나 첨가량이 지나치면 역효과가 나서 청징을 그르치므로, 유리 조성의 1~1.5%에 해당할 정도의 소량을 넣는다.

(5) 탄산바륨

소다석회유리의 SiO_2, CaO 또는 Na_2O의 일부를 BaO로 치환하면, 용융 시간을 단축시킬 수 있는데, 그 치환 량은 대략 0.5%정도가 안전하며, 지나치면 융제로서의 효과가 나쁠 뿐만 아니라 내화물을 매우 침식하므로 좋지 못하다.

(6) 아비산 및 산화안티몬

아비산은 가장 많이 사용하는 청징제로 비중이 커서 유리를 용융할 때 밑으로 가라앉았다가 기화하므로 청징에 더욱 효과적이다. 그리고 아비산은 보통 초석과 함께 쓰는데, 이는 $NaNO_3$ 또는 KNO_3가 비교적 낮은 온도에서 분해하여 방출하는 산소를 아비산이 잡아서 고급 산화물인 AS_2O_5로 되었다가 고온에서 다시 산소를 방출하여 청징 효과를 높이기 때문이다. 또 아비산도 동시에 기화하므로 청징 작용을 더욱 높인다.

$$As_2O_3 + O_2 \xrightarrow[\text{유리화}]{\text{저온}} As_2O_5 \xrightarrow{\text{고온}} As_2\underbrace{O_3 + O_2}_{\text{청 징}}$$

Sb_2O_3는 아비산과 성질이 비슷하여 같은 청징 작용을 하나, 승화성이 아비산보다 약하기 때문에 청징효과는 다소 떨어진다.

(7) 탄 소

석탄, 코크스와 같은 탄소 물질을 청징제로 쓰는 경우가 있기는 하나 적당량을 넣기가 어려우며, 조금만 많아도 착색하므로 잘 쓰지 않는다.

오히려 목재와 같은 유기 물질을 청징이 될 무렵에 용융 유리 밑으로 밀어 넣어, 발생하는 이산화탄소나 수증기로 청징 효과를 얻는 것이 안전하다.

(8) 염화물

NaCl이나 KCl은 고온에서 기화하므로 청징 작용을 한다. 동시에 유리 속의 철분을 염화철을 만들어 휘발시키는 작용도 한다.

2. 산화제 및 환원제

(1) 산화제

보통 질산 알칼리염을 쓰며 이것은 다음과 같이 열분해 해서 산소를 발생한다.

$$2NaNO_3 \rightarrow 2NaNO_2 + O_2 \rightarrow Na_2O + Na + 2.5O_2$$

규사를 비롯하여 각종 유리 원료에는 다소 유기물이 들어 있으므로, 납유리 같은 것을 녹일 때 PbO를 환원시켜 금속 납을 유리시키는 일이 있다. 이밖에도 환원 조건을 피할 필요가 있을 때에는 질산 알칼리염을 산화제로 쓴다.

(2) 환원제

황산나트륨을 썼을 때나, 노란색~갈색, 붉은색 등의 색깔을 띤 유리를 녹일 때에는 환원제를 넣는다.

환원제로는 탄소, 산화제일주석, 염화제일주석, 금속아연, 알루미늄 등이 있다.

3. 착색제와 소색제

(1) 착색제

착색제는 같은 종류의 것이라도 기초 유리의 조성에 따라, 산화 또는 환원 분위기와 같은 조건 변화에 따라 다른 색깔을 나타낸다.

<표 3-6> 착색제와 발색

착색 원료	산화 조건	환원 조건
황화카드뮴	무색	노란색
황화카드뮴, 셀렌	무색	빨간색(셀렌적)
산화코발트	코발트청	코발트청
산화제이구리, 황산구리	푸른색	푸른녹색
산화제일구리	푸른녹색	붉은색
산화세륨, 이산화티탄	노란색	노란색
산화크롬, 크롬산칼륨	노란색띤녹색	에메랄드록색
염화금	빨간색(금적)	-
질산은	노란색(은황)	-
산화철	노란녹색	푸흔록색

이산화망간	보라색	무색
수산화네오디뮴	붉은보라색	붉은보라색
산화니켈	붉은보라색(칼륨유리에서) 갈색(나트륨유리에서)	붉은보라색(칼륨유리에서) 갈색(나트륨유리에서)
셀렌	휘발	붉은색
황	무색	노란색~갈색
탄소, 황	무색	갈색
우라늄화합물	노란색, 형광	녹색,형광

(2) 소색제

무색 유리를 제조할 때 불순물로 들어가는 철분은 유리를 녹색으로 착색하므로 색을 느끼지 못하게 하기 위해 넣는 원료를 소색제라한다.

(가) 화학적 소색

철분이 유리를 푸른 녹색으로 착색하는 것은 Fe^{2+}때문이며, 이것을 Fe^{3+}으로 되게 해 주면 색깔이 붉은색으로 되면서 빛의 투과율도 커지고, 보색관계로 철분이 아주 많지 않은 한 무색에 가까운 유리로된다. 따라서 제일철을 제이철로 산화시키기 위하여 아비산 또는 이산화망간 같은 산화제를 넣는데, 아비산을 사용할 때에는 초석을 함께 넣어 주면 청징과 동시에 소색의 효과도 좋아진다.

이산화망간에 의한 산화철의 산화는 가역적이어서 산화 상태를 항구적으로 유지하기는 어렵고, 또 지나치게 많이 넣어 주면 보라색을 띠게 되므로 주의해야 한다. 또 산화안티몬의 성질은 아비산과 닮은 점이 많으나, 화학적 소색의 효과는 별로 없다. 화학적 소색법은 어느 정도를 넘어서 철분이 많이 함유되어 있으면, 충분한 소색 효과를 얻지 못한다.

(나) 물리적 소색

철분에 따른 푸른 녹색을 띨 때, 보색이 되는 착색제를 유리에 알맞게 넣어서 푸른 녹색이 눈에 띄지 않도록 하는 방법이다. 즉, 소색제의 흡수대가 바탕 유리의 투과광 파장을 흡수하고, 또 철로 착색되는 바탕 유리의 흡수대가 소색제의 투과부분을 흡수하도록 하는 것이다. 이렇게 되면 양쪽의 투과 흡수의 합성 결과가 가시부 전체에 같은 투과율을 나타내게 되어 소색이 되는 것이다.

그러나, 철의 함유량이 많으면 물리적 소색을 아무리 잘 한다 하더라도 전체의 투과율은 줄어들지, 높아지지는 않으므로 유리는 어두워지게 된다. 따라서 광학 유리나 고급 크리스털 유리 같은 것은 처음부터 철분의 혼입을 극력 피해야 한다.

물리적 소색법의 하나로 망간을 쓰는데, 이것은 화학적 소색 효과도 동시에 나타낸다. 이산화망간을 철이 산화될 당량보다 약간 더 많이 넣어 주면 제이철의 착색에 대해서 보색에 가까운 흡수를 한다. 여기에 다시 산화코발트를 $\frac{1}{500000}$ 정도 넣어 주면 보색 효과는 더욱 높아진다. 그러나 망간의 소색 효과는 용융 가마 안의 분위기에 따라 영향을 받기 쉽다. 이에 비하여 셀렌으로 소색을 하면 훨씬 효과적이다.

탱크 가마에 아주 적은 양의 셀렌과 산화코발트를 넣어 주어도 소색이 잘 되는데, 여기에 다시 아비산을 넣어 주면 더욱 효과적이다.

셀렌으로 소색한 유리를 오랫동안 햇볕에 쬐면 누런색을 띠게 되고, 또 서냉 과정에서 붉은색을 띠기도 하는데, 이를 방지하기 위해서는 적은 양의 산화코발트를 병용하면 되고, 또 소색 효과도 더욱 확실해진다.

4. 유백제

유백 유리는 성질을 달리하는 입자가 유리 속에 많이 들어 있어 굴절률이 서로 틀리게 되고, 이 입자로 인해 유리를 투과하는 빛이 산란되어 불투명한 흰색을 나타내게 된다. 이와 같이 유리 속에 들어 있는 입자의 크기와 수에 따라 빛의 산란도가 달라지게 되므로, 같은 유백 유리라 하더라도 유백도에 차이가 생길 수 있다. 입자가 작고 수가 많아 유백도가 높은 것을 오팔(opal)이라 하고, 입자가 크고 수가 적은 것을 앨러배스터(alabaster)라 한다.

유리를 유백화 시키기 위하여 넣어 주는 물질을 유백제라 하는데, 이것에는 플루오르화물, 염화물, 황산염, 인산염 등이 있고, 이 밖에 주석, 지르코늄, 티탄, 안티몬과 같은 것도 있으나, 유리에서는 잘 쓰이지 않는다.

(1) 플루오르화물

가장 많이 쓰이는 것은 형석(CaF_2) 또는 빙정석 (Na_3AlF_6)이다. 플루오르화물로 유백 유리를 만들 때에는, 용융, 청징, 냉각 등에서 온도와 시간을 잘 조절해야만 원하는 유백색을 얻을 수 있다.

유백화는 냉각 과정에서 일어나며, 석출되는 미립자는 CaF_2, NaF, SiO_2 등의 결정체이다. 결정 입자의 크기나 수는 주로 석출할 때의 온도, 냉각 속도 및 유리의 점도에 따라 정해진다.

(2) 염화물

염화물 단독으로만 사용하는 경우는 없다. 플루오르화물과 NaCl 이 결정 성장의 촉진 작용을 하기 때문이다.

(3) 인산염

인산칼슘[$Ca_3(PO_4)_2$]이 들어 있는 골회를 주로 쓴다. 인산칼슘은 유리화하여 인산염 유리를 만드는데, 이것은 바탕유리인 규산염 유 리와 섞이지 않기 때문에 유백화가 되는 것이다.

(4) 그 밖의 유백제

산화주석, 산화티탄, 산화지르코늄 등도 유백제로 쓰이는데, 이들 은 규산염 유리 속으로 녹아 들어가는 속도가 매우 느려, 용융 온도 가 낮은 유리에서는 입자 상태로 분산하여 유백색을 나타낸다.

그러나 용융 온도가 높은 유리에서는 이들 산화물이 유리 속으로 녹아 들어가서 유탁 효과가 약해지든지 또는 아주 없어지는 경우가 있다.

따라서, 대개의 경우 SnO_2, TiO_2, ZrO_2 등은 용융 온도가 낮은 법랑이나 도자기의 유백 유약에 쓰이고, 유리와 같이 용융 온도가 높은 것에는 잘 쓰이지 않는다.

제 4 장
여러가지 유리의 화학조성

제 1 절 여러가지 실용유리

실용 유리는 이론적으로 유리가 될 수 있는 조건 이외에 다음과 같은 요건을 갖추어야 한다.

(가) 공업적으로 도달할 수 있는 온도에서 완전히 액상으로 녹아야 한다.

(나) 용융체는 냉각됨에 따라 성형에 적합하도록 점도가 변해야 하며, 냉 각 도중에 결정이 석출하지 않아야 한다.

(다) 제조된 유리는 실용상 불편이 없는 물리, 화학적인 성질을 구비하고 있어야 한다.

실제 유리 제품은 같은 종류, 같은 용도의 것이라 하더라도 제조 공장의 사정에 따라 조성에는 다소의 차이가 있다. 따라서 실용 유리의 화학 조성은 여러 가지이므로, 이를 다 나타내기는 어려우며 또 큰 뜻도 없으므로, 유리의 종류에 따라 대표적인 것만을 예로 들어 설명하기로 한다.

1. 석영 유리

단일 산화물로 유리가 될 수 있는 것은 SiO_2, B_2O_3, P_2O_5 등 여러 가지가 있으나, 실용성이 있는 것은 SiO_2 유리 하나뿐이고 이를 석영 유리라 한다. 석영 유리의 장점은 열팽창 계수가 보통 유리의 1/20정도로 열충격에 강하고, 연화점이 높아 사용 온도(1000℃)가 높고 내산성, 전기 절연성 등이 높다. 이러한 특징으로 여러 특수 분야에 사용되나 다음과 같은 문제점이 있다.

즉, 용융 온도가 1713℃로 경제 한계인 1650℃를 훨씬 넘어서고, 점도가 높아 성형이 어렵고, 기포를 없애기 곤란하다. 이러한 문제점 때문에 근래에 와서는 특수한 방법으로 석영 유리와 비슷한 특성의 바이코어(vycor) 유리를 만들기도 한다.

바이코어 유리는 대략 SiO_2 96.3%, B_2O_3 2.9%, Al_2O_3 0.4%, Na_2O 0.02%인 조성의 유리로, 그 제조법은 다음과 같다.

처음에는 SiO_2 75%, B_2O_3 20%, Na_2O 5%인 연질 붕규산 유리로 일반 유리와 같이 쉽게 용융을 시킨다. 이것을 성형한 다음 500~650℃로 몇 시간 열처리하면 SiO_2 유리와, B_2O_3 및 Na_2O의 두 성분으로 된 유리로 분리된다. 이것을 HCl 또는 H_2SO_4 등의 산으로 처리하면 Na_2O-B_2O_3의 유리만 녹아 나오고, 나머지는 다공질의 석영 유리로 된다. 이것을 900~1000℃로 재가열하면 약 35%의 부피 수축이 일어나면서 투명한 바이코어 유리가 된다.

바이코어 유리와 석영 유리의 성질을 비교하면 다음 〈표 4-1〉과 같다.

표 4-1	바이코어 유리와 석영 유리의 성질 비교	
성 질	바이코어 유리	석영 유리
연 화 온 도 (℃)	1,510±30	1,650
서 냉 온 도 (℃)	890±20	1,140
스 트 레 인 점(℃)	790±20	1,070
열 팽 창 계 수 ($\frac{cm}{cm \cdot ℃}$)	$(7.8 \sim 8.0) \times 10^{-7}$	$(5.5 \sim 5.8) \times 10^{-7}$
비 중	2.18	2.20

2. 용기유리와 판유리

용기 유리와 판유리는 조성으로 보아 거의가 소다석회 유리이다. 과거에는 조성에 많은 차이가 있었으나, 근래에는 비슷한 조성을 가지고 있다.

최근에 용융 가마의 성능이 많이 향상되어 알칼리량을 줄이고 CaO, MgO, Al_2O_3의 양을 늘려 화학적 내구성을 향상시키고 있다. 실리카의 2~3%를 Al_2O_3로 대치하면 내수성, 내약품성, 내풍화성이 크게 향상되며, 실투 방지가 된다. 이들의 대표적인 조성은 다음 〈표 4-2〉와 같다.

표 4-2	용기 유리와 판유리의 조성 범위			(단위 : %)	
성 분	용기유리			판유리	
	(1)	(2)	(3)	(1)	(2)
SiO_2	70.4~75	73~73.5	70~74	71~73	70.5~73
Al_2O_3	0.5~3.1	1.5~2.5	1.5~2.0	0.5~1.5	0.5~1.5
Fe_2O_3	—	—		—	—
CaO	4.6~9.6	10.5~12.1	8~12	8~10	13~14
MgO	0.3~4.3			1.5~3.5	0~1
Na_2O	15~17	13~14	13~16	14~16	12~14
K_2O				—	—

3. 전구밸브와 전자관 유리

전구 밸브 유리는 대체로 병유리와 비슷한 소다석회 유리인데, CaO가 비교적 적고 MgO가 약간 많은 특성이 있다. CaO의 일부를 MgO 2~3%로 대치하면 용융 온도를 낮추고 실투를 방지할 수 있다. 보통 수신용 진공관 밸브도 대체로 전구 밸브와 비슷하나, Al_2O_3의 변동이 큰 편이고, 1~3%의 BaO나 B_2O_3와 같은 플럭스가 들어가기도 한다. 텔레비전 브라운관용 유리에는 특이하게 BaO, Li_2O, SrO, PbO 등이 들어간다. 이것은 X선을 흡수 차단하고 서로의 융착성을 높이며, 금속과의 봉착성을 높여 주기 위함이다.

또한, 브라운관은 대형이기 때문에 성형성이 좋아야 하고 투광률과 색조가 좋으며, 변색이 없어야 한다. 브라운관의 X선 흡수 차단 능력은 파장이 0.6Å인 X선을 기준하여 0.5R/1000h 이하로 규제되고 있다. 전구나 진공 음극선관(C.R.T., cathode ray tube)에는 필라멘트, 플레이트(plate) 등을 고정시키는 스템(stem) 유리가 필요한데, 이 유리는 열팽창 계수가 금속과 비슷하고, 전기 저항이 큰 납유리 계통으로 한다.

이들의 조성은 〈표 4-3〉과 같다.

또 납유리계 중에서 광투과율이 높은 것을 렌즈용 광학 유리로 사용하는데, 이것을 플린트 유리(flint glass)라고 한다.

표 4-3 전구 밸브, 전자관 유리의 조성 (단위 : %)

종류 성분	전구 밸브	스템 유리 (금속 봉착 유리)	진공관 밸브	X선관 유리	텔레비전 브라운관 유리		
					흑백 TV 브라운관	컬러 TV 브라운관	
						전면 화면 유리	후면 유리
SiO_2	71.49	57	70.3	70.00	65~68	60~63	51~55
Al_2O_3	2.23	1	1.4	2.60	3.0~3.5	1.5~2	2~4.5
Fe_2O_3	0.25	—	—	0.07	0.03~0.05	0.03~0.05	0.03~0.07
CaO	5.82	—	5.5	7.90	Co_3O_4 0.002	0~2.5	3.5~4.5
MgO	4.39	—	3.4	0.18	—	0~2.5	2~3
Na_2O	13.96	} 12	16.4	15.50	7.0~7.5	7~8	6~6.5
K_2O	1.42		1.0	1.80	6~7	7~8	7.5~8.5
PbO	—	30	—	—	3.0~3.5	0~2.5	22~23
BaO	—	—	2.0	—	12~13	2~10	0~0.2
SrO	—	—	—	—	Ni 0.02	7~10	0~0.2
Li_2O	—	—	—	—	0~0.6	0~0.5	—
ZnO	—	—	—	—	$\left(\begin{smallmatrix}MnO_2\\0\sim0.07\end{smallmatrix}\right)$	0~0.5	—
Ce_2O_3	—	—	—	2.60	(CeO_2 0~0.2)	$\left(\begin{smallmatrix}CeO_2\\0.15\sim0.3\end{smallmatrix}\right)$	—
Sb_2O_3	—	—	—	—	0.2~0.4	0.3~0.4	0~0.2
As_2O_3	—	—	—	—	0~0.2	0~0.2	0~0.3
TiO_2	—	—	—	—	0.1~0.15	0.3~0.5	—

4. 이화학용 유리와 온도계용 유리

이화학용 유리는 특히 화학적 내구성이 커야 하므로, 알칼리를 적게하고, B_2O_3를 넣은 붕규산 유리가 많다. B_2O_3, Al_2O_3, CaO, MgO의 함유율, Na_2O와 K_2O의 비, ZnO의 첨가 등으로 여러 가지 조성이 있다.

온도계용 유리는 경년 변화에 따른 온도 지시의 오차를 적게 하기 위하여, 알칼리는 Na_2O 한 성분만으로 하고, K_2O나 그 밖의 알칼리는 넣지 않는 것이 보통이다. 또, ZnO는 유리의 팽창 계수에 영향이 적으면서 화학적 내구성을 크게 하므로, 대게 이것을 첨가한다.

이화학용 유리 및 온도계용 유리의 조성은 〈표 4-4〉와 같다.

표 4-4	이화학용 유리 및 온도계용 유리의 조성					(단위 : %)
성 분	이화학용 유리			온도계용 유리		
	(1)	(2)	(3)	(1)	(2)	(3)
SiO_2	68.6	62.6	75.6	67.5	71.95	74.4
Al_2O_3	3.3	4.3	5.0	2.5	} 5.0	} 3.5
Fe_2O_3	—	—	—	—		
MgO	—	—	—	—	0.05	0.3
CaO	7.3	7.1	0.4	7.0	—	7.0
BaO	—	7.9	3.8	—	—	—
Na_2O	12.3	10.2	5.2	14.0	11.0	9.8
K_2O	5.3	6.0	1.2	—	—	—
B_2O_3	3.2	1.9	9.0	2.0	12.0	—
ZnO	—	—	—	7.0	—	5.0

5. 붕규산유리

이화학용 유리나 온도계용 유리보다 B_2O_3량을 많이 증가시킨 것이 붕규산 유리이다. 이것은 화학적 내구성, 내열성, 전기 절연성 등이 크게 향상된 것으로, 특히 열팽창 계수가 매우 작기 때문에 일반 유리 중에서 열충격에 강한 유리이다. 이 유리의 대표적인 상품은 파이렉스(pyrex) 유리를 들 수 있고, 이화학용 유리, 주방 용기 유리, 자동차 전조등 유리, 화학 공장 설비 등에 많이 사용하고 있다.

이들의 대표적인 붕규산 유리의 조성은 〈표 4-5〉와 같다.

표 4-5 붕규산 유리의 조성 (단위 : %)

성분	파이렉스 유리	앰풀 유리	금속 용봉 유리		
			(1)	(2)	(3)
SiO_2	80.6	66.11	74.6	65	73
B_2O_3	11.9	7.21	18.0	25	14
Al_2O_3	2.0	10.41	1.0	1.8	2.3
CaO	} 1.1	6.28	—	—	} 3.0
MgO		0.43	0.3	—	
As_2O_3		—	—	—	
Na_2O	4.4	7.37	} 5.9	} 8	} 7.5
K_2O	—	2.92			
Fe_2O_3	—	0.14	—	—	—
MnO	—	0.12	—	—	—

6. 알루미나 규산염 유리

Al_2O_3을 20~25% 정도로 많이 함유하는 유리를 알루미나 규산염 유리라 한다. 이 유리에는 SiO_2 이외에 플럭스로서 B_2O_3, P_2O_5 등을 조금씩 넣는다. 이 유리는 특히 연화점이 높아 고압 수은등, 이화학용 연소관 등에 사용한다. 특히, 유리 섬유용 유리로 쓰이는 알루미나 유리는 인장 강도와 내풍화성을 크게 증가시킨 것으로 보온 단열재나 F.R.P.용 장섬유 등으로 그 용도가 다양하다. 이들 알루미나 규산염 유리의 조성은 〈표 4-6〉과 같다.

표 4-6	알루미나 규산염 유리의 조성		(단위 : %)
성분	무알칼리, 알루미나 규산염 유리	고압 수은등 유리	장섬유 유리
SiO_2	53.7	56.8	52~55>60±
B_2O_3	—	3.0	7~10
Al_2O_3	22.0	24.4	14~15
CaO	13.5	6.6	16~18
MgO	—	8.4	3~4>20~23
P_2O_5	5.0	(Na_2O 0.8)	—

7. 무규산유리

최근 SiO_2를 전혀 넣지 않는 유리가 실용화되고 있다. SiO_2 대신에 P_2O_5 또는 B_2O_3을 써서 특수 용도의 무규산 유리를 만든다.
용도에 따른 무규산 유리의 조성은 〈표 4-7〉과 같다.

표 4-7		무규산 유리의 조성			(단위 : %)
성 분	나트륨 방전램프 유리	적외선 흡수 유리	자외선 투과 유리	고 전기저항 유리	내 플루오르산 유리
P_2O_5	15.1	70.7	67.0	33.1	72
B_2O_3	36.6	4.0	—	14.0	—
Al_2O_3	22.5	10.0	4.0	15.5	18
CaO	5.5	—	5.9	—	—
MgO	13.0	4.0	CaO 2.0	16.0	—
ZnO	—	1.0	(BaO 20.1)	9.0	10
K_2O	(SiO_2 7.3)	10.0	—	—	—
FeO	(Fe_2O_3 0.03)	2.5	(NiO 1.0)	(BaO 12.4)	—

제 2 절 조성식

실용 유리를 제조하는 데는 실제적인 여러 조건을 충족시키기 위하여 제약을 받게 되므로, 화학 조성도 유리의 종류나 용도 또는 조업 조건에 따라 좁은 범위 안으로 제한을 받는다. 유리의 화학 조성에는 임의성이 있어서 무수한 유리 조성을 생각할 수 있으나. 위에서 말한 바와 같이 실용성이 있는 유리의 종류를 비슷한 것끼리 분류해서 통계적인 방법으로 규칙성을 찾아 간단한 조성식으로 나타낼 수 있다.

물론 이 조성식은 절대적인 것이 아니며, 이 식에서 벗어나는 유리 조성도 있을 수 있으므로, 이와 같은 유리 조성이 잘못되었다고 속단해서는 안 된다. 따라서 조성이 이 식에 맞든지 또는 비슷하면 일단 무난한 것으로 판정할 수 있으며, 새로운 유리 조성을 선정하는 데 있어서 판단의 기준이 된다.

이 조성식은 SiO_2의 백분율을 x로 하고, 다른 주성분 중 SiO_2의 양에 따라 비교적 크게 변동하는 함유율을 간단한 x의 함수로 나타낸 것이며, 변동 범위가 적은 성분은 그 변동 범위만을 나타내어 만든 것이다.

1. 납유리의 조성식

(ㄱ) 크리스털 유리 (x = 48~61%)

$x[SiO_2] + (87-x)[PbO] + (12\text{~}14)[R_2O]$

(ㄴ) 크리스털 유리 (x = 61~75%)

$$x[SiO_2]+(47-\frac{x}{2})[PbO]+(40-\frac{x}{2})[R_2O_3+RO]+(12~14)[R_2O]$$

(ㄷ) 크리스털 유리 및 전구 스템용 유리 (x = 54~61%)

$$x[SiO_2]+(142-2x)[PbO]+(x-54)[R_2O_3+RO]$$
$$+(11~13)[R_2O]$$

2. 연질 유리의 조성식

(ㄱ) 병유리류 (x = 52~67%)

$$x[SiO_2]+(30-\frac{x}{3})[R_2O_3]+(58-\frac{2}{3}x)[RO] + (11~13)[R_2O]$$

(ㄴ) 병유리, 전구 밸브류 유리 (x = 69~75%)

$$x[SiO_2]+(\frac{x}{10}-5.3)[R_2O_3]+(\frac{2}{5}x-18.7)[RO]$$
$$+(124-\frac{3}{2}x)[R_2O]$$

(ㄷ) 화장품 병, 전구 밸브, 진공관류 유리 (x = 60~69%)

$$x[SiO_2]+(71-x)[R_2O_3]+(77-x)[RO]+(x-48)[R_2O]$$

(ㄹ) 공동 유리, 판유리류 유리 (x = 69~75%)

$$x[SiO_2]+(16-\frac{x}{5})[R_2O_3]+(\frac{7}{10}x-39)[RO]$$
$$+ (123-\frac{3}{2}x)[R_2O]$$

3. 경질 유리의 조성식

(ㄱ) 반경질 유리 (x = 64~72%)

$$x[SiO_2]+(\frac{x}{10}-4)[Al_2O_3]+(\frac{x}{5}-8)[B_2O_3]+(78-x)[RO]$$
$$+(34-\frac{3}{10}x)[R_2O]$$

(ㄴ) 이화학용 유리, 의료용 유리, 기타용 유리 ($x = 63\sim73\%$)
$$x[SiO_2]+(33-\frac{2}{5}x)[Al_2O_3]+(45-\frac{2}{5}x)[B_2O_3+RO]$$
$$+(22-\frac{x}{5})[R_2O]$$

(ㄷ) 이화학용 유리, 기타용 유리 ($x = 70\sim82\%$)
$$x[SiO_2]+(11-\frac{x}{10})[Al_2O_3]+(52-\frac{x}{2})[B_2O_3]+(37-\frac{2}{5}x)[R_2O]$$

4. 전기용 붕규산 유리의 조성식

(ㄱ) 몰리브덴 봉입용 유리 ($x = 65\sim73\%$)
$$x[SiO_2]+(1.5\sim2.5)[Al_2O_3]+(88-x)[B_2O_3]+(3\sim4)[PbO+RO]$$
$$+(6\sim7)[R_2O]$$

ㄴ) 텅스텐 봉입용 유리 ($x = 68\sim73\%$)
$$x[SiO_2]+(1.5\sim2.5)[Al_2O_3]+(88-x)[B_2O_3]+(5\sim6)[PbO+RO]$$
$$+(4\sim5)[R_2O]$$

(ㄷ) 기타 전기 기구용 붕규산 유리 ($x = 65\sim73\%$)
$$x[SiO_2]+(1.5\sim2.5)[Al_2O_3]+\{(90\sim92)-x\}[B_2O_3+RO]$$
$$+(6\sim8)[R_2O]$$

제 3 절 색유리

유리가 착색되는 것은, 가시광선이 유리를 통과할 때 파장에 따라 흡수와 투과하는 정도가 각각 다르기 때문인데, 그 정도는 유리에 들어 있는 착색제에 의해 좌우된다.

착색은 이온에 의한 것과 콜로이드에 의한 것으로 크게 나눌 수 있다.

1. 색깔을 띠는 이온에 의한 착색

유리 중에 이온 상태로 들어가 가시부에 흡수대를 가져 착색하는 원소로는 주기율표에서 전이 원소에 속하는 Ti, V, Cr, Mn, Fe, Co, Ni, Cu, Ag, U 등과 희토류 원소 등이다.

이들은 원자가, 배위수의 변화, 또는 음이온의 종류에 따라 착색이 달라지는 것으로 알려져 있다.

따라서, 유리의 성분, 용융 방법(산화 또는 환원 분위기), 열처리 방법 등이 다르면 색깔이 달라지고, 또 같은 금속이라도 망목형성이온으로 존재하느냐, 망목수식이온으로 존재하느냐에 따라서도 색깔이 달라진다. (착색제 〈표 3-6〉 참고, p.78 참고 바람)

2. 콜로이드에 의한 착색

콜로이드에 의한 착색은, 유리 중에 고루 분산되어 있는 미세한 입자에 의해서 빛이 흡수 또는 산란되기 때문이다.

따라서 이러한 종류의 착색유리는 콜로이드를 석출시키기 위해서 적당한 열처리를 해야 한다.

(1) 금속 콜로이드에 의한 착색

유리를 착색하는 데 사용되는 금속 콜로이드는 금, 은, 구리 등이 있는데, 금과 구리는 빨간색, 은은 노란색으로 착색되며, 백금은 회색을 띠나 공업적으로는 쓰이지 않는다.

금속 콜로이드가 유리 속에서 석출하는 데는 다음과 같은 과정을 거치는 것으로 알려져 있다.

(가) 금속 이온이 유리 속으로 용해

(나) 금속 이온이 원자 상태의 금속으로 환원

(다) 금속 결정핵의 생성

(라) 금속 결정핵의 성장

착색제의 원료로는 염화금의 염산 용액, 은, 구리의 산화물 또는 질산염이 사용되며, 금속 이온을 유리에 용해할 때에는 각 금속을 Au^+, Ag^+ 및 Cu^+ 상태로 균질하게 용해해야 하는데, 금, 은은 유리를 용융하는 동안 쉽게 금속으로 석출하여 도가니 바닥에 금속 덩어리로 가라앉아 버리는 수가 있다.

따라서, 이와 같은 현상을 방지하기 위해 산화 조건으로 용융을 하고, 질산염 원료를 함께 사용하며, 은에는 산화제를 쓰는 것이 좋다. 구리는 쉽게 산화되므로 Cu^{2+}이 되어 푸른색을 띠게 되는데. 환원제를 써서 Cu^+ 상태로 유리 속에 있도록 하면 빨간색 유리를 얻을 수 있다.

환원제로는 주석과 안티몬을 쓰며 반응식은 다음과 같다.

$$2Au^+ + Sb^{3+} \rightarrow 2Au^0 + Sb^{5+}$$
$$2Ag^+ + Sn^{2+} \rightarrow 2Ag^0 + Sn^{4+}$$
$$2Cu^+ + Sn^{2+} \rightarrow 2Cu^0 + Sn^{4+}$$

(2) 비금속 콜로이드에 의한 착색

S, Se, P 등을 함유하는 착색유리로, Se에 의한 붉은색 착색은 Fe^{3+}으로 착색하는 유리에서 물리적 소색을 하는 데 이용된다. 그 밖에 화합물로는 CdS, CdSe 등을 이용하는 것으로 노란색 내지 빨간색으로 착색한다.

(3) 유리 표면의 착색

성형된 유리 표면에 착색제를 바르고 유리가 변형하지 않을 정도의 고온으로 가열하여 착색시키는 방법으로 노란 회색과 붉은색 등이 실용화되고, 이 중에서 붉은색이 주로 이용된다.

Ag^+(1,13Å), Cu^+(0.96Å)는 이온 반지름이 Na^+(0.98Å)와 비슷하기 때문에 Na^+와 쉽게 자리 바꿈을 하여 유리 속으로 들어갈 수 있다.

$\text{Na}^+(규산염 유리)^- + \text{AgCl} \rightarrow \text{Ag}^+(규산염 유리)^- + \text{NaCl}$

$\text{Na}^+(규산염 유리)^- + \text{Cu}_2\text{S} \rightarrow \text{Cu}^+(규산염 유리)^- + \text{Na}_2\text{S}$

이와 같이 치환되어 유리 속으로 들어간 Ag^+, Cu^+을 수소 기류 속에서 가열하면 환원되어 발색하게 된다. 미리 유리 속에 FeO 또는 As_2O_3을 넣어주면 이로 인해 환원되어 수소 처리를 하지 않아도 발색한다.

이 밖에 내열성 안료와 프릿으로 된 글라스 컬러에 의한 착색, 금속 도금, 라스터 가공 등의 착색법이 있다.

제 4 절 특수유리와 새 유리

1. 자외선 투과 유리와 차단 유리

보통 창유리는 원료나 용융 가마의 내화물에서 들어간 산화철이나 산화티탄으로 인하여 자외선을 거의 통과시키지 않으므로, 자외선 투과 유리를 제조하려면 순도가 높은 규석을 쓰고 환원제를 섞어 유리 안에 들어 있는 철분을 Fe^{3+}에서 Fe^{2+}인 제1철 상태로 해야 하고, 또 유리를 녹이는 데 쓰는 내화물은 산화티탄이나 철분이 함유되어 있지 않은 전주 알루미나 블록, 소결 알루미나 내화믈, 또는 용융 석영 블록 등을 사용해야 한다.

자외선 투과 유리의 하나인 코렉스 A(Corex A, 상품명)의 조성을 예로 들면, 이는 인산염 유리로, PO 66.45%, CaO 25.16%, B_2O_3 4.63%, SiO_2 2.12%, Al_2O_3 0.37%, Fe_2O_3 0.03%, MgO 0.06%, Na_2O 0.56%로 철분의 함유량이 아주 적다.

태양으로부터 쬐는 자외선의 파장 범위는 3950~2950Å 정도이며, 보건상 유익한 파장 범위는 3200~2900Å정도이다. 그러므로 병원의 창유리는 자외선 투과율이 높은 것을 쓰면 좋다. 자외선이 쬐는 시간이 길면 유리가 노화해서 유리 안에 들어 있는 철이 3가로 변하여 자외선 투과율이 감소된다.

몇 가지 유리의 자외선 투과율을 보면 〈표 4-8〉과 같다.

자외선 차단 유리로는 사진기의 필터에 쓰는 U.V. 또는 A_1 등이 있다. U.V.는 380nm 이상의 자외선을 차단하고, 거의 무색이지만 A_1은 엷은 보라색을 띠며, 자외선을 차단하면서도 과도한 파란색의 투과를 막는다. 이들은 다 같이 CeO_2가 들어 있으며, A_1은 적은 양의

CeO_2와 Se가 들어 있는 알칼리 금속염 유리이다.

표 4-8　　　　　　　자외선 투과 유리의 투과율

명칭	투과 한계 (nm)	295~310nm의 투과율 (%)
코렉스 (미)	213	89
우비올 (독)	268	44
비 타 (영)	252	61

2. 적외선 흡수 유리와 투과 유리

산화철 약 2%와 소량의 코발트를 함유한 규산염계 유리는 두께가 5mm일 때 파장이 1~3nm 정도의 열선을 50~70% 흡수하는데, 이런 유리를 적외선 흡수 유리라 하며, 건물 또는 차량의 창유리로 사용한다.

환등기의 필름 온도가 상승하는 것을 방지하거나, 컬러 텔레비전 또는 컬러 영사기 등에서 열선은 차단하고 가시 광선만 투과시키기 위해 적외선 흡수 유리가 이용되는데, 이 유리에는 다량의 철분이 Fe^{2+}의 상태로 들어 있다. 철분이 소량 들어 있고 엷은 푸른색을 띤 인산염 유리도 사용되고 있다.

가시 광선을 차단하고 주로 적외선만을 투과시키는 유리를 암시야 장치의 암시관 필터로 이용하고 있다. 이와 같이 이용되는 적외선 투과 유리의 투과율은 두께 2mm에서 적어도 70%는 되어야 하며, 납 유리에 MnO_2 및 Cr_2O_3을 첨가하면 이런 성질의 것을 얻을 수 있다.

또, 이 유리로 짙은 빨간색을 띤 것이 있는데, 이는 CdS와 Se가 들어 있는 칼륨아연 유리이다. 특수 성분인 Ge는 Si와 동족이며 유리화가 가능하다. 이 Ge를 주성분으로 하는 유리는 6~7nm의 파장까지도 투과시킨다.

최근에 적외선 투과 유리로 고납 비스무트 게르마늄산염 유리 [(18PbO·Bi$_2$O$_3$·4GeO$_3$)의 조성에 가까운 유리]가 개발되어 적외선 레이더, 적외선 유도 미사일 등의 적외선 검파기용 필터로 이용되며, 적외선 투과 유리로는 다음과 같은 계통의 것들이 제조되고 있다.

(ㄱ) PbO–SiO$_2$계 유리

(ㄴ) PbO–GeO$_2$계 유리

(ㄷ) As$_2$O$_3$ 또는 Sb$_2$O$_3$계 유리

(ㄹ) TeO$_2$ 또는 V$_2$O$_3$계 유리

(ㅁ) CaO–Al$_2$O$_3$계 또는 Al$_2$O$_3$–Sb$_2$O$_3$계 유리

(ㅂ) As$_2$O$_3$ 또는 Se계 유리

위와 같은 유리에 CuO, MnO$_2$, Cr$_2$O$_3$ 등을 첨가하면 검은색 적외선 투과 필터가 된다.

3. 무알칼리 유리

알칼리 성분이 없고 Al$_2$O$_3$이 20~30%든 규산염 유리는 연화점이 높고 화학적 내구성 및 내열성이 크다. 고압 수은등, 연소관, 보일러의 게이지 등에 사용된다.

유리의 조성 범위는 Al$_2$O$_3$ 20~35%, (B$_2$O$_3$+PO) 5~10%, RO 10~15%, 나머지가 SiO$_2$이다. B$_2$O$_3$을 PO로 치환하면 용융 및 청징 등이 다소 덜 되지만 실투가 방지되고, CaO를 BaO로 치환하면 유리화는 어렵지만 알맞은 양을 사용하면 역시 실투 방지에 효과가 있다.

Al$_2$O$_3$의 최적 함유량은 24% 정도이며, SiO$_2$를 Al$_2$O$_3$로 치환하

면 유리의 용융 및 청징 등이 잘 된다.

〈그림 4-1〉과 〈그림 4-2〉는 ① SiO_2 54.5%, Al_2O_3 21%, CaO 15.2%, B_2O_3 7.5%, BaO 0.8%, Na_2O 1.3%, ② SiO_2 44.7%, Al_2O_3 20.7%, CaO 14.8%, B_2O_3 10.6%, ZnO 9.3%인 조성을 가진 무알칼리 유리 2종과 소다석회 유리Ⓐ 및 파이렉스 유리들의 점성과 내열성을 비교한 것이다.

〈그림 4-1〉에서 무알칼리 유리는 파이렉스에 비해서 연화점이 높고, 작업 온도 범위가 좁게 나타나고 있다. 〈그림 4-2〉에서 보면, 무알칼리 유리는 파이렉스와 소다석회 유리와의 중간 정도인 내열성을 나타낸다.

무알칼리 유리의 화학 조성과 몇 가지 성질을 나타내 보면 다음 〈표 4-9〉와 같다.

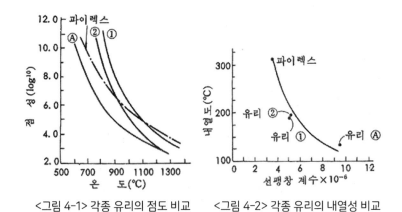

<그림 4-1> 각종 유리의 점도 비교   <그림 4-2> 각종 유리의 내열성 비교

표 4-9 무알칼리 유리의 화학 조성과 성질

종류	SiO_2 (%)	B_2O_3 (%)	Al_2O_3 (%)	Na_2O (%)	CaO (%)	MgO (%)	F (%)	연화점 (℃)	서냉 온도 (℃)	스트레인 제거온도 (℃)	팽창 계수 ($\times 10^{-7}$)
A	56.4	5.0	23.0	0.8	4.1	10.7	—	929	726	684	38
B	60.5	—	21.4	0.6	8.7	5.8	1.5	938	715	672	41
C	62.5	5.2	15.6	—	10.0	5.0	1.5	888	663	625	40
D	57.1	12.4	15.5	—	9.0	5.0	1.0	871	639	603	39

4. 감광 유리

소량의 금, 은, 구리와 같은 금속을 넣고 용융한 유리를 급랭하면, 이들 금속은 이온 상태로 용융되어 있으므로 무색으로 보이나. 이를 다시 가열하면 귀금속 이온들은 환원, 응집하여 콜로이드로 되어 빨강, 노랑, 파랑과 같은 색깔을 나타낸다. 재가열하기 전에 유리에 자외선을 쬐면 금속 콜로이드의 석출이 촉진되어, 쬐지 않았을 때보다 낮은 온도와 짧은 시간에 발색한다. 이 현상을 이용하여 무색인 유리에 음화를 대고 자외선을 쬔 다음 재가열하면, 여러 가지 색깔로 된 무늬를 유리에 석출시킬 수 있다. 이것이 감광 유리의 원리이며, 석출하는 상의 성질에 따라, 금속 착색 감광 유리, 감광 오팔 유리 등으로 나뉜다.

5. 결정화 유리

유리는 본질적으로 비정질 물질이다. 조성과 열처리를 적절히 해 주면 많은 양의 결정을 유리 속에 석출시킬 수 있는데, 이와 같은 유리를 결정화 유리라 하고, 여러 가지 좋은 성질을 가지게 할 수 있다.

제조 방법은 금, 은, 구리와 같은 핵 형성제와 Li_2O, Al_2O_3, SiO_2와 같은 성분으로 된 유리를 만들고, 이것에 자외선 또는 γ선 등을 쬔 다음 가열한다.

금, 은, 구리 등은 처음에는 유리 안에 이온 상태로 있다가, 빛쬠 및 가열 등으로 인하여 환원되어 금속 원자로 되었다가, 이것들이 응집하여 금속 콜로이드로 되어 유리를 결정화시키는 핵 형성제가 된다.

다시 유리의 가열 온도를 올려 전이 온도와 연화 온도 사이에 두면, 1차적으로 메타규산리튬($Li_2O \cdot SiO_2$)의 결정이 석출되고, 더욱 가열하여 연화 온도 이상으로 하면 2차적으로 2규산리튬($Li_2O \cdot SiO_2$), β-스포듀멘($Li_2O \cdot Al_2O_3 \cdot 4SiO_2$)과 같은 결정이 석출된다. 핵 형성제로서 금속인 백금, 비금속인 산화티탄, 산화지르코늄, 플루오르화물 등을 사용하여, 자외선을 쬐지 않고 열처리만 해도 결정화시킬 수 있는 방법이 연구되었다.

결정화 유리의 특성을 알아보면 다음과 같다.

(가) 유리의 결정화 조선을 적절히 조절해 주면, 구성 결정 입자를 0.02~20㎛ 정도의 크기로 할 수 있다.

(나) 원료를 일단 균질하게 용융시켰으므로 가공이 없다.

(다) 유리의 연화 온도는 보통 500~570℃이나, 결정화시킨 유리는 1000~1300℃나 된다.

(라) 유리의 조성을 적절히 선택하면 열팽창 계수가 마이너스 또는

0에 가까운 미세한 결정을 석출시킬 수 있다.

(마) 경도 및 기계적 강도가 매우 크며, 내열성도 아주 커진다.

결정화 유리는 식기(강도가 크고, 내열성이 큼), 볼 베어링(내마열성, 내부식성이 큼), 방사 가이드(마멸에 견딤), 전기 절연재(전기 저항이 크고, 유전체 손실이 적음), 미사일 탄두(공기 마찰에 견디고 온도 변화에 강하며, 성형이 쉬움), 등에 실용되고 있다.

이 밖에 낮은 온도에서 용융하고, 가열로 결정화가 쉽게 되는 유리(PbO 77.5, ZnO 10, B_2O_3 9, Al_2O_3 1, SiO_2 25)는 접착용으로, 유리와 유리, 유리와 금속 및 금속과 도자기 등을 붙이는 데 이용되고 있다.

6. 전도성 유리

일반적으로, 유리는 전기를 통하지 않으나, 표면에 여러 가지 도전성 물질을 부착시켜 전기를 통하게 한 유리를 전도성 유리(electro-conductive glass)라 한다.

(가) 유리 표면에 투명한 전도성 피막을 부착시킨 유리,

(나) 유리와 유리 사이에 가는 도선을 끼운 2중 유리,

(다) 표면에 전도성 물질을 규칙적으로 띄어 인쇄하여 구운 강화유리의 세 가지로 나눌 수 있다.

전도성 물질로 실용화되고 있는 것은 SnO_2, In_2O_3, Au 등으로, 이들을 건물, 차량, 항공기 등의 유리창에 부착시켜 전기를 통해서 발열하게 하여, 결빙, 결로를 방지하는 데 사용하고 있다. 또 파이렉스 유리를 기판으로 해서 전도체를 부착하여 350~400℃까지 가열할 수 있는 히터로 쓰기도 한다.

7. 포토크로믹 유리

이 유리는 다음과 같은 세 종류로 분류할 수 있는데, 빛이 닿으면 내부에 변화가 일어나 어두워지고, 빛이 닿지 않으면 다시 밝아지는 성질을 가지고 있다.

(1) 할로겐화은의 미결정을 함유하는 유리

할로겐화은과 은과의 변화를 이용한 것으로, 소량의 할로겐화은이 든 붕규산염 유리이다. 이 유리를 스트레인점과 연화점 사이의 온도에서 할로겐화은의 입자가 형성되기에 충분한 시간 동안 열처리하는데, 이 열처리 조건은 포토크로믹 유리의 성능에 큰 영향을 끼친다.

기초 유리로 붕규산유리를 쓰는 것은 이 계통의 유리가 분상하기 쉽고, 할로겐화은의 미결정이 석출하기 쉽기 때문이다. 할로겐화은 결정의 최적 함유율은 0.2wt%, 미결정의 최적 크기는 약 100Å이며, 이 때 미결정의 수는 약 4×15^{16}개/cm^3, 미결정 간의 평균 거리는 약 600Å 이다.

이렇게 되어 있는 유리에 빛이 닿으면 다음 식과 같은 반응으로 금속 은의 입자가 생겨 검은 회색이 되는데, 입자의 크기나 수에 따라 색깔의 짙기에 차이가 생긴다.

$$Ag^+ Br^- \quad \underset{h\nu_2}{\overset{h\nu_1}{\rightleftharpoons}} \quad Ag^0 + Br^0$$

또, 빛을 쬐지 않으면 원래의 할로겐화은으로 되돌아가서 투명하게 된다. 색깔의 변화를 빨리하기 위해서는 할로겐화은의 결정에 Cu

를 소량 첨가해 주는 수가 있는데, 이것은 다음 식과 같은 반응으로 은 이온이 원자 상태의 은으로 환원되기 때문이다.

$$Ag^+ + Cu^+ \xrightarrow{h\nu_1} Ag^0 + Cu^{2+}$$

(2) Eu^{2+} 또는 Ce^{3+}을 함유하는 유리

처음으로 포토크로믹 유리를 만든 것이 이 유리였다. 기초 유리는 보통 창유리의 조성이며, 여기에다 Eu 또는 Ce를 가한 것이다. 이 유리에 빛이 닿았을 때와 닿지 않았을 때에는 흡수하는 빛의 파장이 위치가 달라져 색깔이 변하게 된다. 빛의 투과율 변화가 10% 정도여서 (1)의 유리보다 성능이 떨어진다.

(3) 감광 색소를 쓰는 방법

이 유리는 유기 화합물인 감광 색소를 쓰는 방법으로, 색소를 침투시킨 합성수지의 박막을 유리 사이에 끼워 만든 것이다. 이것은 빛이 닿았을 때 붉은보라, 파랑, 녹색 및 노란녹색 등과 같은 색깔을 나타내게 할 수 있으나, 색소의 수명이 짧은 것이 결점이다.

8. 광섬유

굴절률 ng를 가진 유리 주위에 ng보다 작은 굴절률 nc를 가진 유리층을 씌워 만든 유리섬유에, i인 각도로 빛이 들어가 경계면에서 전 반사를 했다고 보면,

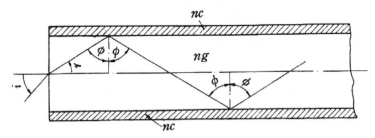

그림 4-3 광섬유의 설명도

$ng{\cdot}sin\phi = nc{\cdot}sin90° = nc$

따라서, $sin\phi = \dfrac{nc}{ng}$

또, $sini = ng{\cdot}sinr = ng{\cdot}sin(90° - \phi) = ng{\cdot}cos\phi$

또, $ng\sqrt{1 - sin2\phi} = ng\sqrt{1 - \dfrac{nc^2}{ng^2}} = ng^2{-}nc^2$

이 값을 N.A.(numerical aperture)라 하고, 여기서 ng=1.75, nc=1.52라 하면, N.A.는 0.86으로 되고 i=59.4°가 되며, 유리 내부의 흡수가 없다면 이 유리는 빛을 매우 잘 투과하게 된다.

이와 같은 유리를 광섬유(fiber optics)라 하며, 위(내시경) 카메라, 광통신, 광 전달과 이 밖의 여러 분야에서 이용되고 있다.

최초로 이 유리를 만든 방법을 보면 다음과 같다.

SiO_2 55, Li_2O 30, Al_2O_3 15(mol%)의 조성을 가진 유리를 지름이 1.9mm정도 되도록 섬유상으로 뽑고, $NaNO_3$ 50mol%, $LiNO_3$ 50mol%인 용융염에 담가 470℃에서 50시간 처리한다. 이렇게 하면 유리에 있는 Li^+과 용융염에 있는 Na^+이 들어가기 때문에, 구조에 변화가 생겨 굴절률이 작은 표면층이 생긴다.

이 밖에도 끓는점이 낮은 유리를 섬유 유리에 증착시키는 방법 등이 있다.

9. 칼코게나이드 유리

칼코겐 원소란 S, Se, Te 등을 가리키는데, 이들의 화합물로 된 유리를 칼코게나이드 유리(chalcogenide glass)라 하며, 산화물로 된 유리와 구별하고 있다.

산화물 유리의 적외선 투과 파장의 한계는 2mm 두께일 때 약 7 ㎛ 정도인데, 이 유리는 20㎛ 정도까지 투과시키고, 또 용융점이 아주 낮은 것은 실온에서도 액체 상태이고, 반도체적 성질을 가진 것은 전기적 또는 광학적 기록 및 기억 소자로 이용되고 있다. 이와 같이, 이 유리는 종래의 산화물 유리와는 여러 가지 다른 특징을 가지고 있으므로 유리 재료로 등장하고 있으나, 아직 해결할 문제들이 많이 있다.

2성분 황화물계로 유리화 범위가 넓은 것으로는 As-S계, Ge-S계, P-S계 등이 있는데, 이들 계에 속하는 유리는 용융점이 낮고, 실제 사용에 장애가 일어나고 있어, 다른 성분을 첨가하여 용융점이 높은 것을 만드는 연구가 진행되고 있다.

〈그림 4-4〉는 2성분계 유리에 여러 가지 성분을 가하여 이루어지는 3성분계 유리의 유리화 범위를 나타낸 것이다.

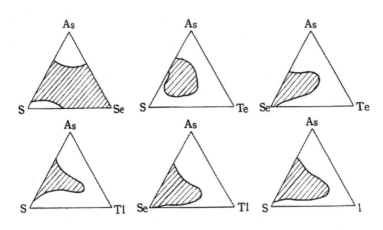

<그림 4-4> 3성분계 유리의 유리화 범위

칼코겐 원소뿐만 아니라, 이외에도 음이온으로 I, Br, Cl 같은 할로겐 원소를 도입하고, 또 금속 원소로 Sb, Ge 및 비금속 원소로 Si, B, P 등이 함유된 유리에 관해서도 많은 연구가 진행되고 있다.

제 5 장
원료의 조합

제 1 절 조합계산

유리 공학에서는 일정한 조합비로 혼합된 유리 원료를 배치 (batch)라고 한다. 배치를 용융해서 어떠한 조성의 유리를 얻을 수 있는 가를 알기 위해서는 계산을 필요로 한다.

이와 반대로 유리의 조성을 정하고 이런 유리를 얻으려면 어떠한 원료를 어떠한 비율로 혼합하여야 하는가를 알기 위해서도 계산을 해야 한다.

1. 배치 조성에서 유리 조성을 구하는 법

배치에 들어가는 각 원료의 분석 값을 알고 있으면, 각 원료로 부터 유리에 들어가는 산화물의 양을 계산할 수 있으며, 이를 다시 백분율로 환산할 수 있다. 원료의 분석 값을 모를 때에는 특별히 원료가 나쁘지 않는 한, 일단 원료를 순수하다고 가정하고 계산해서 유리의 조성을 구해 본다.

배치의 조성을 계산하기 위해서는 〈표 5-1〉과 같은 기본 수치가 필요하다.

원료의 조합 계산은 〈표 5-1〉의 계수를 사용하여 다음과 같은 순서에 따라야 한다.

(1) 각 원료의 조합 량에 원료로부터 유리로 들어갈 산화물의 계수를 곱한다.

(2) 각 원료에 대하여 (1)과 같이 계산한 값을 더하여 유리가 되는 산화물의 전체량을 구한다.

(3) 각 원료로부터 나온 산화물 중 같은 종류의 산화물은 이를 모아 서 더한다.

(4) (1)에서 구한 각 산화물의 양을 (2)에서 얻은 유리의 총량으로 나눈 값에 100을 곱해서 유리에 들어 있는 각종 산화물의 백분율을 구한다.

표 5-1   원료 조합에 필요한 화합물의 수치

원료 이름	분자식	분자량	유리에 들어가는 성분		계수 $\left(=\dfrac{\text{산화물}}{\text{원료}}\right)$
			산화물	분자량	
알루미나	Al_2O_3	102.2	Al_2O_3	102.2	1.000
수산화알루미늄	$Al(OH)_2$	78.1	$\frac{1}{2} Al_2O_3$	51.1	0.654
카올린	$Al_2O_3 \cdot 2SiO_2$ $\cdot 2H_2O$	258.8	Al_2O_3	102.2	0.395
			$2SiO_2$	120.2	0.465
칼륨장석	$K_2O \cdot Al_2O_3$ $\cdot 6SiO_2$	558.1	K_2O	94.1	0.169
			Al_2O_3	102.2	0.183
			$6SiO_2$	360.6	0.648
나트륨장석	$Na_2O \cdot Al_2O_3$ $\cdot 6SiO_2$	526.0	Na_2O	62.0	0.118
			Al_2O_3	102.2	0.195
			$6SiO_2$	360.6	0.687

탄산바륨	$BaCO_3$	197.4	BaO	153.4	0.777
황산바륨	$BaSO_4$	233.4	BaO	153.4	0.657
붕산	$H_3B_2O_3$	61.8	$\frac{1}{2} B_2O_3$	34.8	0.564
붕사	$Na_2B_4O_7$ ·$10H_2O$	381.4	Na_2O	62.0	0.163
			$2B_2O_3$	139.3	0.366
무수붕사	$Na_2B_4O_7$	201.3	Na_2O	62.0	0.308
			$2B_2O_3$	139.3	0.693
수산화칼슘	$Ca(OH)_2$	74.1	CaO	56.1	0.757
탄산칼슘	$CaCO_3$	100.1	CaO	56.1	0.560
인산칼슘	$Ca_3(PO_4)_2$	310.3	3CaO	168.3	0.542
			P_2O_5	142	0.458
형석	CaF_2	78.1	CaO	56.1	0.718
광명단(연단)	Pb_3O_4	685.3	3PbO	669.3	0.977
마그네시아	MgO	40.3	MgO	40.3	1.000
염기성탄산마그네슘	$3MgCO_3·MgO$ ·$4H_2O$	365.4	4MgO	161.2	0.422
마그네사이트	$MgCO_3$	84.3	MgO	40.3	0.478
돌로마이트	$MgCO_3$ ·$CaCO_3$	184.4	MgO	40.3	0.218
			CaO	56.1	0.304
질산칼륨	KNO_3	101.1	$\frac{1}{2} K_2O$	47.05	0.465
탄산칼륨	K_2CO_3	138.2	K_2O	94.1	0.685
소다회	Na_2CO_3	106	Na_2O	62.0	0.585
질산나트륨	$NaNO_3$	85	$\frac{1}{2} Na_2O$	31.0	0.365
무수황산나트륨	Na_2SO_4	142	Na_2O	62.0	0.437
인산수소이나트륨	Na_2HPO_4 ·$12H_2O$	358.2	Na_2O	62.0	0.173
			$\frac{1}{2} P_2O_5$	71	0.198
규사	SiO_2	60.1	SiO_2	60.1	1.000
산화아연	ZnO	81.4	ZnO	81.4	1.000

2. 유리 조성에서 원료 조합비를 구하는 법

유리의 산화물 조성을 알고, 이로부터 배치의 조성을 계산하는 데는 다음과 같은 사항을 알아 두어야 한다.

⑦ 한 가지 원료에서 두 종류 이상의 산화물이 나오는 것이 있고, 이와 반대로 한 종류의 산화물이 몇 가지의 원료로부터 나오는 것이 있다. 따라서 가장 많은 종류의 성분을 가지고 있는 원료에서부터 계산을 시작하여 점차 성분의 종류가 적은 것으로 옮겨 간다.

㉯ 유리 조성의 각 성분 배분율은, 유리 100kg에 들어 있는 각성분의 kg으로 생각한다.

㉰ 두 종류의 산화물이 주 종류의 원료에 대해서 다 같이 주요성분 으로 되어 있는 것을 골라, 이들 산화물이 원료로부터 유리가 될 때까지의 물질 수지를 생각하여 연립방정식을 세운 다음 이를 푼다.

㉱ 알칼리 성분은 알칼리 원료 이외의 것에서 들어갈 양을 뺀 나머 지를 한번에 계산한다.

㉲ B_2O_3는 먼저 붕사로 넣어 주는 것을 원칙으로 하는데, 저알카리 고붕산 유리인 경우에는 붕사에서 들어가는 Na_2O때문에 붕사만으로는 소기의 유리 조성을 충족시키기 어렵다. 따라서 이 때에는 유리의 알칼리 함유량에서 붕사의 소요량을 계산하고, 부족한 B_2O_3는 붕산으로 보충해 주어야 한다.

㉳ 황산나트륨 및 질산나트륨은 알칼리의 원료로서보다는 청징, 용 융제, 산화제의 목적으로 배합하므로, 조합 계산과는 별도로 생각하 여 소요량을 정해야 하는데, 그양은 규사 또는 유리의 알카리 량에 대한 비율을 기준으로 하면 된다.

㉴ 아비산이나 소색제도 일정한 배합량이 필요하기는 하나, 미량을 사용하기 때문에 조합 계산에서는 빼놓고 별도로 그 양을 정한다.

3. 계산순서

무색 병유리를 예를 들어 계산의 순서를 실제로 살펴보도록 한다. 목표로 하는 유리 조성과 사용 원료의 분석 값은 〈표 5-2〉에 나타낸 것을 쓰기로 한다.

표 5-2		목표 유리 조성 및 사용 원료의 분석값						(단위: %)
		SiO_2	Al_2O_3	Fe_2O_3	CaO	MgO	Na_2O	강열 감량
목표 유리 조성		72.75	3.10	0.08	5.65	1.40	17.02	–
사 용 원 료	규 사	96.05	2.07	0.08	0.10	0.04	1.45	0.19
	소 다 회	0.03	0.03	0.02	0.04	0.03	57.00	–
	질산나트륨	0.02	0.02	0.05	0.10	–	35.00	–
	석 회 석	0.25	0.02	0.10	55.60	0.17	–	–
	돌로마이트	1.00	0.10	0.10	34.20	17.90	–	–
	장 석	68.53	19.59	0.60	0.71	0.02	10.81*	0.26

* 장석 중의 알칼리는 전부를 Na_2O로 보았다.

(1) 규사와 장석중의 SiO_2, Al_2O_3의 두 성분에 주목하고, 규사와 장석이 유리로 될 때 SiO_2와 Al_2O_3의 물질수지를 생각한다. 규사와 장석의 소요량을 각각 x_1, y_1이라 하면,

SiO_2에 대해서는 $0.9605x_1 + 0.6853y_1 = 72.75$ …… (1)
Al_2O_3에 대해서는 $0.0207x_1 + 0.1959y_1 = 3.10$ …… (2)

식 (1), 식 (2)를 풀면,

$x_1 = 69.79$, $y_1 = 8.45$

(2) 규사와 장석에서 들어가는 CaO와 MgO의 양을 구하면, 규사에서 따라 들어가는 양은

CaO = 69.79×0.01/100 = 0.070

MgO = 67.79×0.04/100 = 0.028

장석에서 따라 들어가는 양은

CaO = 8.45×0.71/100 = 0.061

MgO = 8.45×0.02/100 = 0.002

(3) 목표로 하는 유리의 CaO와 MgO의 양으로부터, (2)에서 구한 CaO, MgO의 값을 뺀 나머지를 채워주기 위한 석회석과 돌로마 이트의 양을 x_2, y_2라하면,

CaO에 대해서는

$0.5560x_2 + 0.3420y_2 = 5.65 - (0.070 + 0.061) = 5.519$ ⋯ (3)

MgO에 대해서는

$0.0017x_2 + 0.1790y_2 = 1.40 - (0.028 + 0.002) = 1.370$ ⋯ (4)

식(3), (4)의 방정식에서 x_2, y_2를 구하면

$x_2 = 5.25,$ $y_2 = 7.60$

(4) 규사와 장석에서 따라 들어가는 Na_2O의 양을 계산하면,

규사에서 Na_2O = 69.79×1.45/100 = 1.001

장석에서 Na_2O = 8.45×10.81/100 = 0.914

(5) 전체 알칼리의 3%를 질산나트륨의 Na_2O로 넣어 주기로 하면, 질산나트륨으로 넣어 줄 Na_2O의 양과 질산나트륨의 소요량은 다음과 같다.

질산나트륨으로 넣어 줄 Na_2O의 양 = 17.02×0.03 = 0.511
질산나트륨의 소요량 = 0.511/0.350 = 1.46

(6) 목표로 하는 Na_2O의 양으로부터 소다회 이외의 원료로 들어
간 Na_2O 의 량을 뺀 나머지를 소다회로 넣어 주기로 하면,
소다회 소요량 = (17.02-1.011-0.914-0.511)/0.570 = 25.59

(7) 유리의 원료 조합을 나타내는 일반적 방법인 실리카 100kg을
기준으 로 하여 (1)~(6)의 값을 종합해 보면 〈표 5-3〉과 같다.

표 5-3 　　　　　　　　　　　　원료 조합비

원 료	유리 100kg에 대한 소요량(kg)	원료 조합비
규　　　　사	69.79	100.00
소　다　회	25.59	36.67
질 산 나 트 륨	1.46	2.09
석　회　석	5.25	7.52
돌 로 마 이 트	7.60	10.88
장　　　석	8.45	12.10

(8) 이와 같은 조합으로 만들어질 유리 조성을 원료 분석값에서
계산하고, 또 목표의 조성과 대비하여 오차를 따져 보면 〈표 5-4〉와
같다.

SiO_2, Al_2O_3, CaO, MgO, Na_2O들의 백분율에 오차가 생긴 것
은, 위 계산의 (1), (3)에서 다른 원료로부터 들어오는 적은 양의 성
분을 무시했기 때문이며, 이 정도의 오차는 무시해도 좋다.

오차가 많이 나면 편차가 가장 큰 성분(대개는 SiO_2)을 주성분으로 하는 원료의 소요량에 대해서 수정하여 다시 계산한다.

표 5-4 　　　　　　　　조합비로 계산하는 유리 조성

원 료	소요량	SiO_2	Al_2O_3	Fe_2O_3	CaO	MgO	Na_2O	합 계
규　　사	68.79	67.034	1.444	0.056	0.070	0.028	1.011	
소 다 회	25.59	0.008	0.008	0.005	0.010	0.008	14.586	
질산나트륨	1.46	0.000	0.000	0.001	0.000	0.000	0.511	
석 회 석	5.25	0.013	0.001	0.005	2.919	0.009	0.000	
돌로마이트	7.60	0.076	0.008	0.008	2.599	1.360	0.000	
장　　석	8.45	5.792	1.655	0.005	0.060	0.002	0.193	
계	118.14	72.925	3.116	0.080	5.658	1.407	17.021	100.205
오　　차		+0.173	+0.016	±0	+0.008	+0.007	+0.001	+0.205

* 유리 수득율 = 100/118.14 = 84.5%

4. 계산 값과 실제 유리 조성과의 차이

위와 같은 계산으로 얻은 원료 조합으로 실제 용융해도 제조 되는 유리는 목표의 유리 조성과 꼭 일치하지는 않는데, 이것은 계산상의 오차라기보다는 다음과 같은 원인에 의해 오차가 생기기 때문이다.

㈎ 배치의 운반 및 투입 조작에서 비중이 작은 원료의 미분말이 날아 간다.

㈏ 용융 중 특수 성분(B_2O_3, 알칼리, PbO 등)이 휘발한다.

㈐ 내화물이 침식되어 유리 속으로 녹아 들어간다.

㈑ 목표 유리와 조성이 다른 파유리, 또는 파유리에 섞인 협잡물이 들어간다.

이와 같은 원인 중에서 (나)와 (다)의 원인을 제거하기는 곤란하나, (가)와 (라)의 원인은 주의해서 조작하면 어느 정도는 이를 막을 수도 있다.

제 2 절 배치의 조제

유리 제조에서 가장 중요한 것은, 결함이 적고 균질한 소지를 될 수 있는 대로 짧은 시간에 녹여 내는 것이다. 그러나 균질한 소지를 얻는다는 것과 짧은 시간에 유리를 녹여 낸다는 두가지 요건을 기술과 경제면에서 만족시키는 것은 쉬운 문제가 아니다.

배치 조제는 유리 제조 공정의 첫 과정으로 원료의 관리, 배치의 혼합 및 균질도는 전체 공정 관리에 큰 영향을 끼치며, 중요한 공정이므로 주의하여야 한다.

1. 원료 관리

원료의 선택에는 경제성, 품질의 안정성, 공급의 지속성, 용융과 청징의 용이성 등이 중요한 조건이 된다.

천연 원료인 규사, 규석, 석회석, 백운석, 장석 등은 품질의 변동에 주의해야 하며, 원료가 들어올 때마다 화학분석, 입도 시험 등으로 품질을 확인해야 한다. 또, 소다회나 화학 공업 약품도 품질의 변화에 주의해야 한다.

(가) 탱크 가마용 규사의 입도는 일반적으로 600㎛ 보다 큰 것이 없어야 하고 100㎛ 이하가 없는 것이 적합하다. 문제가 되는 불순물로는 철분인데, 건식 자력 선광으로 줄일 수 있다.

(나) 장석의 입도는 500㎛보다 큰 것이 없어야 하고, 70㎛ 까지 가 90~95% 정도이면 좋다.

조립의 장석은 용융은 잘 되지만, 점도가 높아 확산이 잘 안 되므로 이질 유리가 나타나기 쉽다.

(다) 석회석, 백운석은 입도가 규사보다 약간 큰 것이 좋다. 따라서, 약 1.4㎜ 통과분이 없는 정도면 된다.

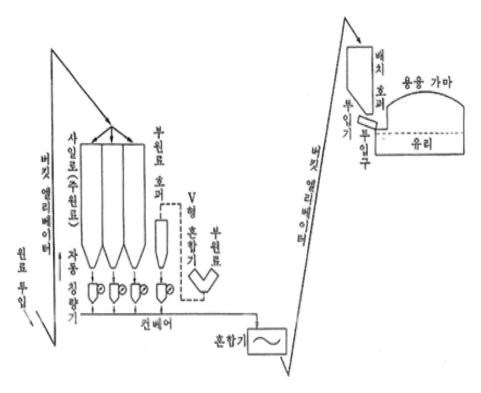

<그림 5-1> 유리 원료의 조합 공정도

(라) 소다회는 입상의 것이 좋고, 입도는 규사와 비슷하면 된다.

(마) 파유리 (cullet) 는 1㎝ 정도의 크기로 분쇄하여 사용하되 원유리와 화학 조성이 같은 것이 좋고 다른 유리인 경우에는 성분 조절을 해야 한다. 그리고, 이물질의 혼입을 막기 위해 철저하게 관리해야 한다.

원료에 부착된 수분량은 변동이 심하므로 적합한 상태로 관리해야 하며, 수분이 적당하면 원료의 혼합이 잘 되고 수용성 알칼리원료를 용해해서 규사의 유리화를 촉진한다. 보통 원료의 수분량은 3% 정도가 적당하다.

그러나 배치에 플루오르화물이 있으면 용융할 때 플루오르화수소가 발생하여 플루오르의 손실이 많아지므로 주의해야 한다. 탄산칼륨, 산화칼륨, 무수 붕사 등은 흡수성이 강하므로 저장 관리를 잘 해야 하고, 소다회의 수분량 변동에 주의해야 한다.

특히, 많은 양의 원료를 노천에 저장할 때에는 우천 시 침수되는 것과, 다른 물질의 혼입이 없도록 잘 관리해야 한다.

2. 칭량 및 혼합

원료의 칭량은 중량법을 원칙적으로 한다. 배합이 많은 규사, 소다회, 그 밖의 주원료는 용융 가마의 규모에 따라 적당한 감도를 가지는 저울을 사용하여 칭량하고, 아비산, 착색제, 소색제, 그 밖의 극히 적은 양인 부원료 들은 감도가 높은 저울로 정확하게 칭량해야 한다.

배치의 균질도는 유리의 균질화에 가장 중요한 조건 중의 하나이다. 따라서 칭량한 원료들을 균질하게 혼합하는 것이 매우 중요하다.

배합량이 적은 원료는 직접 배치에 혼합하지 않고 다른 원료의 일부와 미리 혼합하고 다시 2차로 원래의 원료와 혼합한다. 혼합 방법은 원료가 소량인 경우에는 삽을 가지고 손으로 직접 하는 경우도 있으나, 이것은 균질도가 나쁘므로 혼합이 잘 되는 혼합기를 쓴다.

혼합기에는 2중 원충형 혼합기, V형 혼합기, 스크루 혼합기, 리본 혼합기 등이 있으나, 보통은 로터리 믹서(rotary mixer)를 많이 사용한다. 그리고 혼합기에는 혼합할 원료를 혼합기 전체 용적의 30% 정도 넣는 것이 효과적이다.

균질하게 혼합한 배치는 될 수 있는 대로 저장하지 말고 곧 용융 가마에 투입하는 것이 좋다. 연속식 가마에서는 투입구 바로 앞에 있는 호퍼를 통해서 배치를 넣는다. 배치의 운반은 운반 도중에 진동 등으로 균질하게 혼합된 배치가 분리될 염려가 있으므로, 진동이 작은 운반차나 리프트(lift) 등을 쓰는 것이 좋다.

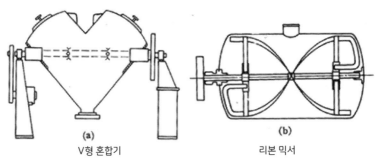

(a)
V형 혼합기

(b)
리본 믹서

<그림 5-2> 배치 혼합기

배치의 분리는 굵은 입도의 원료와 미분말의 원료가 분리되든지, 비중이 큰 원료와 비중이 작은 원료가 분리되기 쉽다. 한편, 분리를 방지하기 위해서는 수분이 약간 있는 배치를 덩어리로 단단하게 뭉쳐서 사용하는 방법도 있다.

　이와 같이 브리켓(briquet, 조개탄)으로 만든 배치는 미분말의 비산을 막고 열전도가 좋아 용융이 잘 되는 효과가 있다. 실제로 대단위의 유리공장에서는 원료의 칭량부터 혼합, 운반, 투입까지 정확하게 통제된 상태에서 자동화되어 있다.

제 6 장

용융(熔融)

제 1 절 용융 가마

유리를 용융하는 가마는 크게 도가니 가마(Pot furnace)와 탱크 가마(tank furnacce)의 두 가지로 나눌 수 있는데, 도가니 가마는 소량의 유리 또는 여러 종류의 유리를 만드는 데 사용되는 것으로 비연속적으로 용융 작업이 이루어지며, 탱크 가마는 같은 종류의 유리를 대량 생산하는 데 사용되는 것으로, 용융 작업을 연속적으로 할 수 있어 생산 능률이 높다.

1. 도가니가마

도가니 가마는 도가니의 모양, 크기, 수, 또는 가열 방법 등에 따라 여러 가지로 분류할 수 있다.

도가니의 모양은 〈그림 6-1〉과 같이 옷구멍(원형개구) 도가니, 타원형옷구멍(타원형개구) 도가니 및 옆구멍(횡구) 도가니로 나누며, 종류마다 여러 가지 크기의 것이 있다.

또 도가니 수에 따라 한 가마에 대형 도가니 1개를 묻는 단식 도

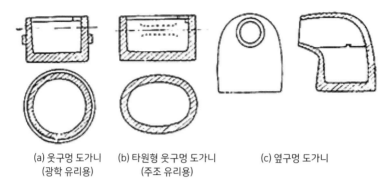

(a) 웃구멍 도가니
(광학 유리용)

(b) 타원형 웃구멍 도가니
(주조 유리용)

(c) 옆구멍 도가니

<그림 6-1> 도가니의 종류

가니 가마와 4~12개의 도가니를 한 가마에 설치하는 연대식 도가니 가마가 있다.

　도가니의 가열 방식은 일반적으로 적은 용량의 옆구멍 도가니 가마는 환열식이 이용되며, 큰 용량의 옆구멍 도가니를 여러 개 묻는 대형 연대식 가마와 웃구멍 도가니 가마는 축열식이 이용되고 있다.

　축열실과 환열실

　유리를 가열하고 나가는 연소가스의 폐열을 이용하기 위한 열 회수장치로 축열실과 환열실이 있는데, 용융부는 2층에 있으므로 상부구조라 하고, 열회수 장치는 용융부 아래쪽에 있으므로 하부구조라 한다.

　축열실은 가마의 양쪽 아래에 2개 설치되어 있으며, 그 방안에는 〈그림 6-2〉와 같이 내화벽돌로 쌓아져 있다. 이 방 안에 폐가스를 보내는 쪽은 점점 온도가 올라가지만 반대편 축열실은 식어가므로 교환기로 예열된 축열실로 공기를 보내어 회수된 열을 2차공기로 활용

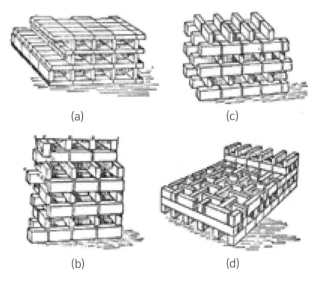

(a)

(c)

(b)

(d)

<그림 6-2> 축열실의 벽돌쌓기 모양

하고, 식어가던 반대쪽 축열실로 폐
가스를 보내어 다시 축열하면서 이
를 반복하여 폐열회수를 하게 된다.

축열식이 환열식에 비하여 열회
수율이 좋으며 대규모에 적합하다.

환열실은 내화관을 ㄹ자모양으로
두 개의 통로를 만들어 한쪽은 폐
가스를 보내고 한쪽은 연소용공기
를 보내어 내화벽면을 통하여 폐가
스의 열이 연소용 공기로 옮겨가게
만든 장치이다.

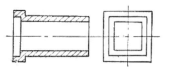

<그림 6-3> 환열실용 내화관

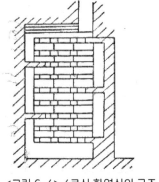

<그림 6-4> 4로식 환열실의 구조

(1) 옆구멍 도가니 가마

적은 용량의 옆구멍 도가니 가마는 보통 4개 이상의 옆구멍 도가니를 묻는 연대식 가마로 되어 있으며, 대체로 환열실을 쓰고 있다.

〈그림 6-5〉는 환열실을 가진 옆구멍 도가니 연대식 가마를 나타낸 것이다. 이 가마는 식기 유리, 이화학용 유리, 크리스털 유리 등을 제조 하는 데 많이 사용되고 있다.

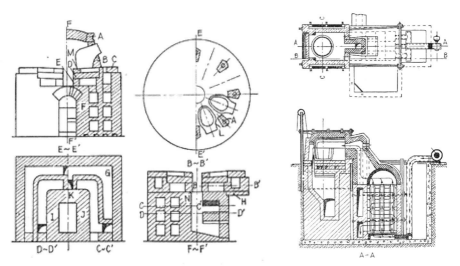

<그림 6 5> 옆구멍 도가니 연대식 가마

<그림 6-6> 광학유리용 단식 도가니 가마
(환열식)

(2) 웃구멍 도가니 가마

이것은 광학 유리를 용융하는 경우 이외에는 2개 이상의 웃구멍 도가니가 들어 있는 연대식 가마로 되어 있다. 가마의 모양은 가마 바닥 위에 웃구멍 도가니를 2열로 놓은 직사각형의 각 가마로 되어 있으며, 대개의 경우 축열실을 가지고 있다.

구조는 〈그림 6-7〉과 같은 세가지 형태가 있으며, 일반적으로는 〈그림 6-7〉 (a)와 같은 양쪽 벽 식이 사용되고 있다.

도가니가 1개 또는 2개인 경우에는 〈그림 6-7〉 (c)와 같은 불꽃이 U자형으로 되는 것을 사용하기도 한다.

웃구멍도가니가마는 유리면이 직접 불꽃의 복사열을 받으며, 또 축열실에서 예열된 공기는 일반적으로 환열식인 경우보다 온도가 높아서 열교환 효율이 더 좋다.

〈그림 6-8〉은 웃구멍 도가니용 축열식 연대 가마의 한 보기를 나타낸 것이며, 〈그림 6-7〉의 (a) 형식에 속하는 가마이다. 이 가마로는 광학 유리, 주조 판유리 등을 만든다.

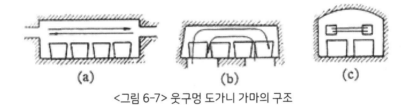

(a)   (b)   (c)

<그림 6-7> 웃구멍 도가니 가마의 구조

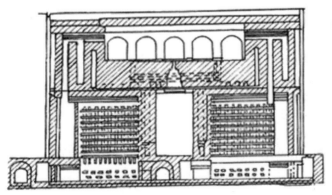

<그림 6-8> 축열식 웃구멍 도가니 가마

2. 탱크가마

탱크 블록 (tank block)으로 가마를 축조하고 이 속에 유리 원료를 투입해서 유리 원료 위로 직접 불꽃이 지나가도록 하여 유리를 연속적으로 용융하는 연속식 가마이며, 가마의 크기는 들어 있는 유리의 양이 수 톤에서 천 톤이 되는 것도 있다.

탱크 가마는 연소 불꽃의 흐름 방식에 따라 옆에서 흐르는 옆 불꽃 (cross fire)식의 사이드 포트 (side port) 가마와 끝으로 흐르는 끝 불꽃 (end fire) 식의 엔드 포트,(end port)가마로 나누고 열회수 방법에 따라서 축열식 가마(regenerative furnace)와 환열식 가마 (recuper-ative furnace)로 나눈다.

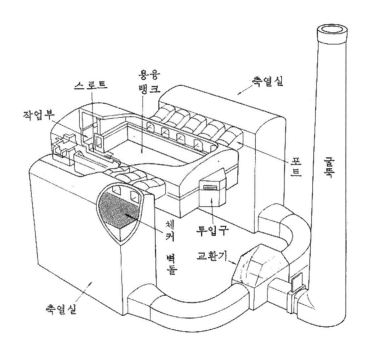

<그림 6-9> 사이드 포트식 브리지월 탱크 가마 구조

(1) 브리지월 탱크 (bridge-wall tank)

이 가마는 현재 가장 많이 사용되고 있는 용융 탱크로 주로 무색 공동 유리, 갈색 및 푸른색 병유리 제조에 사용되며, 근래에는 코발트 착색, 셀렌 레드 및 앨러배스터와 같은 단일 색조의 용기 유리 제조에도 이용되고 있다.

〈그림 6-10〉에서와 같이 이 탱크 가마는 직사각형이고 깊이가 얕은 용융 탱크와 브리지월이라고 하는 내화벽 칸막이가 있어 작업부와 용융부를 나누고 있다. 브리지월은 중앙에 바닥과 접하여 용융 탱크와 작업탱크를 연결하는 좁은 터널 모양의 스로트(throat)라는 통로가 있어 용융 및 청징이 된 유리가 이 스로트를 통해서 작업 탱크로 흐른다.

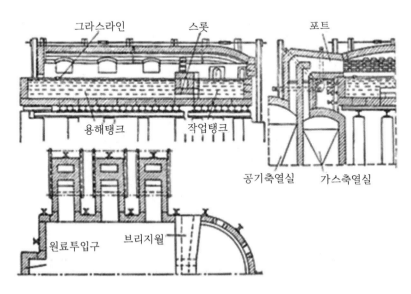

<그림 6-10> 측면 가열식 브리지월 탱크

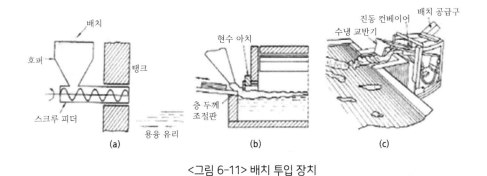

<그림 6-11> 배치 투입 장치

브리지월은 ㈎용융 탱크에서 미용융 또는 청징이 덜된 유리가 작업탱크로 흘러들어가는 것을 방지하고, ㈏ 용융 탱크 속의 고온 유리를 이곳에서 어느 정도 냉각시키며, 다시 스로트를 통과시키면서 온도가 조절되어 작업 탱크에 이르렀을 때에는 성형에 알맞은 점도가 되도록 하는 역할을 한다.

실제로 용융 유리는 스로트를 통과하면서 200~300℃정도 온도가 내려가 점도가 조절되고, 또 유리의 균질화에도 도움이 된다.

(2) 졸임식 탱크

브리지월을 설치 하는 대신, 용융과 작업의 두 탱크를 연결하는 부분을 넥(neck)이라 하는 좁은 통로로 분리한 가마로서, 옛날에는 주로 무색 공동 유리의 제조에 쓰였다. 〈그림 6-12〉는 졸임식 탱크 가마의 한 보기를 나타낸 것이다.

이 가마는 넥 부분에 내화물로 만든 블록을 유리 위에 띄워 놓아,용융과 작업의 두 부분을 격리시켜 미용융물이 작업부로 흘러들어가는 것을 막고 있다. 유리면 위에 띄워진 내화 블록을 플로터(floator) 라 한다. 근래 판유리를 제조하는 데 사용하고 있는 탱크

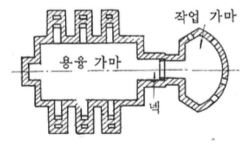

<그림 6-12> 졸임식 탱크 가마

가마는 졸임식 탱크 가마와 비슷한 구조로 되어 있으나, 넥 부분이 훨씬 넓거나 또는 전혀 없는 것들이다.

(3) 단실 탱크

용융, 작업 두 부분의 분리가 분명하지 않거나 전혀 없이 탱크 전체가 한 방으로 된 탱크를 말하는 것으로, 주로 판유리 제조에 사용되고 있는 탱크가 이 형식에 속한다. 전에는 미반응 유리가 작업부로 흘러들어가는 것을 방지하기 위하여 플로터를 사용하였고, 유리의 냉각을 촉진하기 위하여 넥을 설치하기도 하였으나, 근래에는 판유리의 품질에 대해 고도의 균질성을 요구하게 되어, 이들의 사용을 피하게 되었다.

이와 같이, 최근에는 탱크의 구조를 단순하게 하되, 탱크 가마의 각 부분의 온도 조절과 용융 유리의 관리를 정밀하게 하여, 이를 보완하고 있다.

탱크 안에서 일어나는 용융 유리의 흐름은, 용융 탱크와 작업 탱크 사이의 온도차에 의한 대류 현상이고, 이 대류는 용융 유리의 균질화와 직접적인 관계가 있으므로, 고도의 균질성을 필요로 하는 판

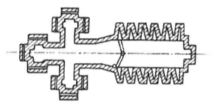

<그림 6-13> 푸르콜식 탱크

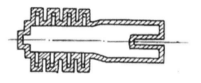

<그림 6-14> 콜번식 탱크

유리에서는 이들의 관계가 매우 중요하다. 따라서 탱크 내부의 온도 분포를 어떻게 조절하느냐 하는 문제는 단실 탱크의 기능을 좌우하는 관건이라고 할 수 있다.

〈그림 6-13〉 및 〈그림 6-14〉는 대표적인 판유리 제조용 탱크 가마를 나타낸 것으로, 각각 푸르콜 (Fourcault)식 탱크와 콜번 (Colburn)식 탱크이다.

(4) 데이 탱크 (day tank)

도가니 가마의 작업법과 같으며, 하루 주기로 용융, 청징, 성형 등의 작업을 비연속적으로 반복하는 탱크가마를 말한다.

이것은 수요가 적은 특수 유리나 색유리 같은 것의 제조에 이용되는 것으로 가마의 넓이는 수 ㎡~10㎡이고, 깊이는 40~60cm의 것이 보통이다. 이 탱크는 연속 작업을 할 수 없어 열의 경제성에서 불리하고, 작업 능률이 떨어지는 결점이 있으므로, 근래에는 5~20t/day 정도의 소규모 생산에도 연속 작업을 할 수 있는 소형 탱크가 많이 쓰이고 있다.

3. 전기 용융 가마

실온에서는 전기 절연체인 유리가 온도가 높아짐에 따라 저항이 점차 작아져 용융 온도 부근에서는 비저항이 보통 유리가 $2 \sim 3\Omega \cdot cm$, 경질 유리가 약 $20\Omega \cdot cm$ 이하가 되므로, 여기에 전류를 흐르게 하면 저항열이 발생하여 유리를 녹일 수 있다.

전기 용융 가마의 특징은 다음과 같다.

(가) 열효율이 높다. 연료를 사용하는 일반 가마와는 달리 가마 자체나 배기 가스에 의해 손실되는 열이 매우 적어 일반 대형 가 마가 $25 \sim 30\%$, 소형 가마가 10% 정도의 열효율을 가지는데 비해 전기 가마는 대형은 $75 \sim 80\%$, 소형은 60% 정도나 된다.

(나) 품질이 좋아진다. 가마의 구조, 전극의 배치, 전력의 조절 등으로 줄, 돌, 기포 등의 유리 결함을 줄일 수 있다.

(다) 휘발성 성분이 많은 배치를 녹이는 데 적합하다. (열)가스의 흐름이 없고, 배치 속에서부터 용융이 진행되므로 휘발이나 비산이 거의 없다.

(라) 가마의 구조가 간단하고 설비비가 적게 든다. 연소 관계 설비나, 열회수 설비가 없고, 가마 크기에 비해 용융 능력이 크다.

(마) 좁은 가마에서 고온을 얻을 수 있다. 전력만 증가시키면 좁은 면적에서 고온을 얻을 수 있다.

(바) 작업 환경이 좋다. 연료를 연소시키지 않기 때문에 소음, 냄새, 연기 등이 없고, 열 발산이 적어 작업 환경이 좋아진다.

이와 같은 특징 이외에도 환경오염 등의 문제로 보았을 때 전기 가마의 사용이 보다 효과적이기는 하나, 전력비가 비싸고 실용성이 있는 발열체의 문제 등으로 공업화에는 문제점이 있다.

전기 가마의 구조는 〈그림 6-15〉나 〈그림 6-16〉과 같이 용융부에 전력을 공급하는 장치가 있고, 작업 탱크와 포어하스(fore hearth)로 되어 있다. 가마의 모양은 다각형, 원형 등의 여러 가지 형태가 있다.

<그림 6-15> 엘멀트사의 전기용융가마

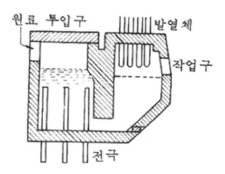

<그림 6-16> 소형 전기용융가마

제 2 절 유리의 용융

1. 유리화 반응

유리의 배치(batch)가 가열되어 유리가 되기까지에는 온도 상승에 따라 다음과 같은 물리, 화학적 변화를 거치게 된다.

(가) 원료에 부착된 수분이 증발한다.

(나) 배치의 열분해로 결합수, CO_2, SO_3 및 SO_2 등의 가스가 날라간다.

(다) 용융점이 낮은 성분부터 액상으로 융해되고, 부분적으로 여러 형태의 공융 혼합물이 생성된다.

(라) 여러 액상이 서로 용해하고, 미용융의 고체 원료가 용액과 반응하여 용해한다.

(마) 규산염 화합물과 다른 산화물 사이에 고상 반응이 일어나 새로운 혼합물이 생성된다.

(바) 고온 때문에 유리 및 배치 중의 Na_2O, K_2O, B_2O_3, PbO, SiF_4, BF_3, Se, As_2O_3, SbO_3 등과 같은 휘발 성분이 휘발한다.

(사) 연소 가스나 열분해로 생긴 CO_2, SO_2와 같은 가스가 유리 속으로 용해하는데, 용해된 가스는 과포화 상태로 되어 다시 방출 되면서 유리 안에 작은 기포를 만든다.

이와 같은 여러 변화는 단계적으로 일어나는 것이 아니라 중복해서 일어나기 때문에, 실제의 유리화 반응을 정확히 설명하기는 매우 어려운 일이나 작업할 때의 용융 과정을 구분해 보면 대체로 다음과 같은 순서가 된다.

용융 → 청징 → 균질화 → 유리의 조정
(melting) (refining) (homogenising) (glass conditoning)

위에서 보인 용융 과정을 탱크 가마에 맞추어 나타내면 〈그림 6-17〉과 같다.

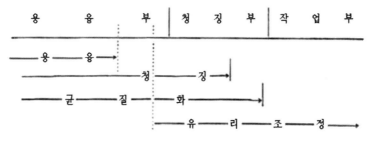

<그림 6-17> 탱크 가마에서의 유리화

2. 용융 조작

연속식 탱크 가마에서 배치가 가마 안에 들어가면 즉시 용융이 시작되는데, 실제의 용융 조작에서 용융과 청징은 겹쳐서 일어나므로, 이들을 시기적으로 구분하기는 곤란하다. 그러나 용융은 개념적으로 배치가 다 녹고, 미용융물이 전혀 없을 때 끝난 것으로 보며, 연속식 탱크 가마에서는 유리가 계속 작업부 쪽으로 흐르고 있으므로 탱크 안의 유리 표면을 보아 배치가 유리면에서 없어지는 위치를 확인하여 용융이 끝난 것으로 판단한다.

용융이 제대로 안 될 때에는 용융 온도만을 올리려 하지 말고, 배치의 조제, 운반, 투입 또는 가마의 설계 등에 잘못이 없는지를 알아보아야 하며, 용융 온도를 필요 이상으로 올리면 가마의 수명이 짧아지고, 내화물의 침식이 심해져 유리 안에 돌을 발생시키는 원인이 되므로 주의해야 한다.

배치의 용융 시간에 영향을 끼치는 인자로는, 유리조성, 용융온도, 원료의 입도, 파유리의 첨가량과 입도, 원료의 조합비, 배치의 균질도 등이며, 용융은 될 수 있는 대로 짧은 시간에 끝내는 것이 바람직하다.

도가니 가마에서 유리를 녹일 때의 조작은 새 도가니를 빈 채로 예열 가마에서 가열한 다음 용융 가마로 옮겨서 충분히 굽고 배치를 넣기 전에 우선 파유리를 녹여서 도가니 내벽을 발라 둔다. 이것은 내벽에 묻은 유리층이 침식성이 큰 배치가 직접 도가니에 접촉하는 것을 막아 주는 역할을 하기 때문이다.

이어서 배치를 넣는데, 배치는 도가니 벽에서 복사열을 받아 녹게 되고, 배치 자체는 열전도도가 작으므로 복사열의 투과를 막고 열이 배치 안으로 잘 전달되지 않는다. 따라서, 배치를 산모양으로 넣으면 유리가 녹으면서, 곧 주위의 유리 속에 섞여 들어가서 대류가 일어나 확산이 잘 되고 용융이 빨라지며, 균질도도 좋아 지게 된다.

도가니 안의 유리는 전체 용량의 70~90% 정도로 채워야 하는데, 이 정도까지 유리를 채우는 데는 배치를 2~3회로 나누어 넣는다.

첫번째 넣은 배치가 거의 녹은 다음 두번째 배치를 넣는데, 이 때 너무 빨리 넣어 주면 미처 녹지 못한 첫 번째의 배치가 유리 속으로 들어가 용융 시간을 지연시키게 된다. 일정량의 유리가 다 녹으면 청징을 시킨 다음, 온도를 내려 성형 작업에 알맞게 점도를 맞춘다.

탱크 가마에서 유리를 녹일 때에는, 가마에 파유리를 넣은 다음 임시 버너로 불을 때게 되는데, 처음에는 열충격으로 노재가 갈라지거나 급격한 열팽창으로 가마가 변형하지 않도록 천천히 가열해야 하며, 충분한 온도가 되었을 때 탱크 가마의 연소 장치에 불을 붙여 용융 온도까지 가열한 다음 원료를 넣는다.

탱크 가마 안의 용융 유리는 작업부 쪽으로 흐르기 때문에 투입된 배치도 용융과 청징이 이루어지면서 이에 따라서 움직이게 된다. 이때 배치의 흐름을 잘 조절하여 배치가 청징부까지 흐른다든지, 측벽의 내화물에 직접 닿지 않도록 한다.

〈그림 6-18〉과 〈그림 6-19〉는 이러한 흐름을 대략적으로 나타낸 것이고, 이 흐름을 구별하면 앞으로 흐르는 전체적인 인출류(pullcurrent)와 용융부 쪽의 대류(corvection current), 스로트 양쪽의 역류(reverse current)로 구별된다.

인출류는 용융 유리가 스로트를 거쳐 작업부 쪽으로 흐르는 전체적인 흐름을 말하고, 고온 중심부에 있는 핫스프링(hot stpring)은 위로 솟아 오르므로, 이것이 가마벽 쪽이나 원료 투입구 쪽으로 흐르면서 바닥에 있던 저온 고비중의 유리를 중앙부로 밀고 들어와 다시 고온으로 되어 솟아올라 대류가 일어난다. 인출류와 대류는 가마 내에서 일어나는 주된 흐름이고, 전체적인 흐름은 인출류와 대류의

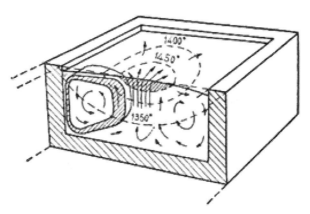

<그림 6-18> Gehlhoff의 Spring 용융유리의 대류

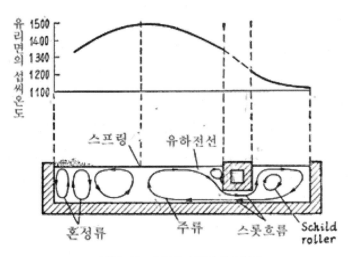

<그림 6-19> 유리의 흐름과 온도 분포

합성류로 이루어진다.

특히, 원료 투입구 쪽으로 흐르는 혼성류는 녹지 않은 배치가 유리의 용융과 기포선의 형성에 매우 유익한 흐름으로, 이러한 대류는 증가시키는 것이 좋다.

표면 대류를 증가시키기 위해서 사이드 포트식에서는 원료 투입구 쪽의 버너의 불꽃을 비교적 약하게 하는 경우도 있다. 반대로 스로트를 사이에 두고 작업부에서 가마 바닥을 따라 용융 탱크 쪽으로 일어나는 역행 대류는 가마 운전에 나쁜 영향을 주므로 되도록 일어나지 않도록 방지해야 한다. 방지법으로는 스로트 양쪽의 온도차(200~300℃)를 줄이거나, 작업부 쪽의 가마 바닥을 약 3%정도 높여 준다.

탱크 가마 안의 온도 분포는 〈그림 6-19〉와 같고, 용융을 잘 하기 위해서는 가마의 능력에 여유가 있어서 용융 시간을 길게 하고, 청징이 빨리 되도록 가마를 운전하는 것이 좋다. 가마의 용융 능력은 용융부의 표면적당 24시간 동안 인출되는 용융 유리량으로 나타내고 용융 가마의 용량은 1일 인출량에 2~5배 크기가 적당하다.

3. 청징

배치가 다 녹아 유리화가 된 직후의 유리 속에는 많은 기포가 들어 있는데, 이 기포를 제거하여 맑은 유리로 만드는 과정을 청징(refining)이라, 한다. 이 청징 작용은 스톡(Stock)의 법칙으로 설명할 수 있다.

$$V = \frac{2}{\rho} \cdot \frac{r^2 \cdot g(d - d')}{\eta}$$

여기서,

V : 기포의 상승 속도(㎝/s) 　　 r : 기포의 반지름(㎝)

ρ : 중력 가속도(㎝/s2) 　　 d : 용융 유리의 밀도(g/㎤)

η : 용융 유리의 점도(g/㎤)

이 법칙에 따르면 기포가 떠오르는 속도는 액체의 점도에 반비례하고 기포의 크기의 제곱에 비례한다. 따라서 용융 유리의 온도를 높이거나, 유리의 조성을 조절함으로써 점도를 낮추고, 기포를 크게 하는 것이 청징에 효과적이다.

보통의 소다석회 유리에서 지름 1㎜ 및 0.1㎜의 기포가 상승하는 속도를 대략 계산하면 각각47㎝/h 및 0.47㎝/h으로, 작은 기포를 없애는 것이 훨씬 어렵다.

청징 속도는 온도 이외에도 청징제의 사용량, 유리의 성분 등에 따라 달라진다. As_2O_3, Sb_2O_3과 같은 청징제는 일정량까지의 첨가는 청징 효과가 뚜렷하나, 그 이상의 첨가는 양을 늘렸다고 해서 그만큼의 효과를 나타내지는 못한다.

또, 청진제의 작용은 저알칼리인 고규산질 유리일수록 효과가 크다. 황산나트륨은 산화 용융을 할 때에는 좋은 청징제가 되지만, 환원 용융을 할 때(앰버 유리, 흡열 유리)에는 별로 효과가 없다.

유리의 조성으로는 Na를 Li로, Ca를 Ba 또는 Pb의 일부로 대치하면 청징에 효과적이다. 위와 같이 청징은 청징제를 사용하는 화학적 방법과 용융 유리의 점도를 낮추고 대류를 증가시켜 균질화와 기포를 제거하는 물리적인 방법이 있다.

한편 청징과 균질화가 이루어진 용융 유리를 성형에 알맞은 점도를 가지도록 조정하는데, 이것을 유리 조성이라고 한다.

4. 가마의 열효율

연료는 유리를 제조하는 데 매우 중요한 역할을 하는데, 연소 및 가마에 대한 관리를 잘 하여 연료를 유효하게 사용하는 것이 여러 가지 면에서 중요하다. 연속식 탱크 가마의 열효율은 불과 20%정도에 지나지 않으며, 도가니 가마는 이보다도 훨씬 열효율이 떨어진다.

따라서 유리 용융 가마에서 열관리를 어떻게 하느냐에 따라 생산 원가에 미치는 영향은 매우 크다. 즉, 공급되는 열량과 이를 사용하는 열량을 면밀히 검토하여, 열효율을 최대한으로 올리도록 노력하여야 한다.

검토 항목을 보면 다음과 같다.

① 입열부
(가) 연료가 가지는 발열량

(나) 연소용 공기의 현열(1차 및 2차 공기)

(다) 원료 (배치 및 파유리)의 현열

② 출열부

(가) 유리의 용융에 필요한 열

(나) 배출 가스가 가지고 나가는 열

(다) 가마벽에서의 열손실

(라)기타(가스의 누출, 열교환 장치에서의 열손실 등)

여기에서는 자세한 열정산은 생략하고, 가마에서 가장 중요한 용융부에서의 열효율을 생각해 보기로 한다. 열효율을 E(%), 유효열을 Q_e, 입열을 H라 하면,

$$E = \frac{Q_e}{H} \times 100$$

유효열이란, 유리 원료를 용융하고 유리화 반응을 완결시키며, 균질한 고온의 유리 소지를 얻는데 사용한 열량을 전체 소비 열량에 대한 백분율로 표시한 것이다. 또, 유효열의 대부분은 용융 온도(가령 1500℃)에서의 유리의 현열이라고 보아도 된다.

따라서 유리의 인출량을 q[kg/h], 비열을 c[kcal/kg·℃]라 하면, 유효열(kcal/kg)은

$$Q_e ≒ cq(1500-25)[kcal/h]$$

이고, 이 값은 최소의 필요 열량이다.

유리 용융 가마의 열효율을 높이는 데는, 가마벽으로부터 방산하

는 열을 막기 위해 보온이 필요하며, 이는 내화물의 침식과 비교해서 생각해야 한다. 또, 축열실이나 환열실에서 배기 가스가 가지고 나가는 열을 공기 예열에 이용하도록 하는 것이 효과적이다. 공기를 예열하는 것은 열의 회수뿐만 아니라 가열 온도를 높여 유리화 반응을 촉진시키는 데 유효하다.

특히, 열효율을 높이는 근본적인 방법은 가마의 크기와 용융 유리의 인출량을 균형이 맞도록 설계하는 것이다. 위와 같은 여러 문제를 종합적으로 검토하여 시설비와 열효율이 가장 알맞도록 대책을 강구하는 것이 필요하다.

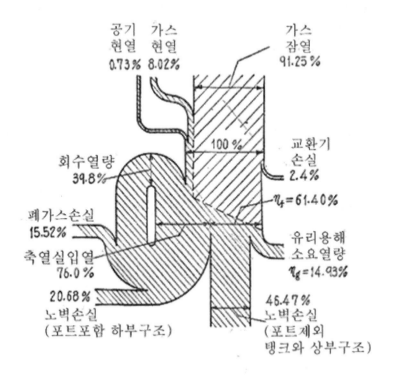

<그림 6-20> 축열식 탱크요의 열수지도

제 7 장
성형(成形)

　유리 제품의 성형은 인공적인 방법과 기계적인 방법에 의해 이루어지는데, 어느 경우이든 성형 방법에 알맞은 점도 범위에서 유리가 가지는 가소성을 이용하는 것이다.

　용융 가마로부터 끌어올린 직후의 유리 소지는 $10^3 \sim 180^8$ 프와즈(poise, P)의 점도를 가지지만, 성형하는 동안에 냉각되어 소정의 모양으로 굳을 때에는 $10^{10} \sim 10^{12}$P로 된다.

　그러나, 성형을 시작할 때와 끝날 때에 적합한 점도는 성형 방법, 성형물의 모양과 치수, 성형물의 무게 및 유리의 색깔 등에 따라 달라진다.

　왜냐하면, 이것은 성형하는 과정에서 유리의 냉각 속도, 즉 점도가 커지는 속도에 큰 영향을 끼치기 때문이다. 따라서 같은 유리라 하더라도 어떤 모양의 유리를 만드느냐에 따라 성형 조작이 달라진다.

　특히, 인공 성형에서는 고도의 숙련과 오랜 경험 이 필요하며, 기계 성형에서는 기계의 조정은 물론 성형 전의 용융 유리에 대한 물리적인 조정을 엄밀히 해야 한다.

　일단 성형된 유리 소재를 가열 가공해서 다른 모양의 유리 제품을 만든다거나, 복잡한 유리 제품을 만드는 수가 있는데, 화학용 유리 기구를 가열 가공해서 만드는 것은 그 한 예이다.

　근래에는 전기에 의한 유리의 가열 가공이 보급되고 있는데, 컨베이어식 전열 가마로 유리-금속 봉착을 하거나, 고주파 전자 유도식 가열로 유리 가공을 한다.

제 1 절 인공성형(人工成形)

제품의 형태가 복잡하거나 종류가 다양할 때에는, 기계 성형이 적합하지 않으므로 인공 성형을 하게 된다.

1. 수취법(手吹法)

(1) 주취(宙吹)

불대(blowing pipe) 끝에 유리 소지를 말아 철재나 목재로 된 사발형의 내면에서 유리를 굴려 고르게 하는 동안 유리는 점도가 적당하게 되며, 이 후부터는 전혀 틀을 쓰지 않고 입김으로만 불어서 원하는 모양의 제품을 만드는 것이다.

이 조작은 고도의 숙련을 필요로 하며, 제품의 표면이 틀에 접촉하지 않아 아주 매끈하게 되는데, 공예품이나 이화학용 플라스크, 판 등은 이러한 방법으로 성형한다.

(2) 형취(型吹)

불대 끝에 따온 유리 소지를 링대 위에서 굴려 고르게 한 다음, 나무틀이나 쇠틀 안에 넣고 입으로 불어서 성형하는 것인데, 나무틀을

1. 씨를 묻힌다.

2. 입으로 분다.

3. 색을 입힌다.

4. 동체를 만든다.

5. 본체를 만든다.

6. 아궁이를 자른다.

7. 아궁이를 손질한다.

8. 손잡이를 붙인다.

<그림 7-1 주취 성형법>

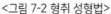

<그림 7-2 형취 성형법>　　　　　<그림 7-3 압형 성형법>

쓸 경우에는 고온의 유리와 틀 사이에 탄소, 수증기, 분해 가스 등의
층이 생겨 매끈하고 광택 있는 면을 얻을 수 있다.

그러나, 나무틀은 내구성이 작고 치수가 정확하지 못하므로, 주철
로 된 쇠틀을 많이 쓴다. 쇠틀의 내면에는 보통 아마씨기름, 수지, 코
르크가루, 숯가루 등을 혼합해서 만든 풀을 발라서 사용한다.

(3) 압형(壓型) 성형법

이 성형법에 쓰이는 압형기는 금속제의 오목틀과 이것에 맞는 금
속제의 볼록틀, 그리고 볼록틀을 위 아래로 움직이게 하는 플런저로
구성되어 있다.

이것은 쇠막대 끝에 유리를 말아서 오목틀 속에 일정량을 잘라 넣
고, 플런저를 아래로 움직여서 볼록틀로 눌러 성형을 하는데, 접시
나 공동 유리를 만드는 데 이 방법이 쓰인다.

이 성형법은 냉각 속도가 빠르므로 얇은 유리 제품을 만드는 데는
적합하지 않으며, 제품의 광택이 수취법보다 못한 결점이 있다. 이 결

점을 없애고 유리의 표면에 광택을 주기 위해서는 성형한 다음 가스불로 표면을 가열해야 하는데, 이러한 처리를 화작(fire polishing)이라 한다.

제 2 절 기계성형(機械成形)

19세기 말엽부터 인공 성형법이 점차 기계화되기 시작하여, 요즈음에는 전혀 인력을 들이지 않는 전자동 성형법이 많이 쓰이고 있다. 이러한 기계 성형법으로 제조되는 제품으로는 판유리, 병유리, 컵, 전구, 관유리 등이 있다.

1. 유리 공급 장치

성형 작업에 적당한 유리의 온도는 앞에서 말한 바와 같이 여러 가지 조건에 따라 다르지만. 적당한 온도에 따른 유리의 점도 범위는 성형 개시 때 $10^3 \sim 10^4$P, 성형 종료 때 $10^6 \sim 10^8$로, 이러한 점도 범위를 작업 범위라 한다.

탱크 가마에서 유리가 성형기로 가기 직전에 작업 범위의 상한 점도를 가지도록 온도를 조정해야 하는데, 이를 위해서 연속식 탱크 가마에서는 작업 탱크의 끝에 얕고 긴 유도 골이 연결되어 있으며, 이것을 포어 하스라 한다.

이 포어 하스는 용융 유리가 흐르는 동안에 적당한 온도로 냉각되고, 끝 부분으로 가면서 다시 유리의 온도, 점도, 및 유리면의 높이 등이 조정된다.

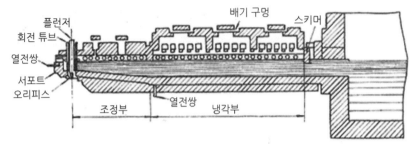

<그림 7-4> 포어 하스 및 피더의 측면도

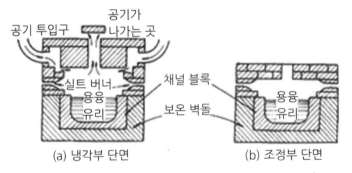

(a) 냉각부 단면   (b) 조정부 단면

<그림 7-5> 포어 하스 단면도

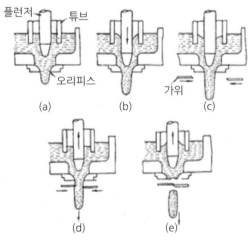

(a)   (b)   (c)

(d)   (e)

<그림 7-6> 고브 피더의 동작 상태

병유리 제조용 탱크 가마 같은 데는 포어 하스 앞에 피더(feeder)가 설치되어 있고, 판유리 제조용 탱크 가마에는 인상기가 설치되어 있다.

병유리 같은 것을 제조할 때에는 용융 유리를 일정량의 덩어리, 즉 고브(gobe)로 만들어 성형기에 공급하기 때문에, 이 피더를 고브 피더라고도 한다.

고브 피더는 내화물 튜브로 된 회전 실린더, 상하 왕복 운동을 하는 풀런저, 오리피스 및 특수강으로 된 가위로 구성되어 있다.

2. 제병기(製瓶機)

자동 제병기의 형식에는 고브를 직접 금형 안에서 압축 공기로 불어서 확장 성형하는 핫 몰드(hot mold)식과 금형 안쪽에 탄화된 콜크를 페이스트로 구워 붙인 상태에서 금형 안의 유리가 회전할 때 공기가 취입되어 확장되는 페이스트 몰드(paste mold)식이 있다.

성형 과정은 예비 성형과 마무리 성형으로 나뉘는데, 예비 성형을 하는 틀을 블랭크틀(blank mold)이라 하고, 마무리 성형을 하는 틀을 블로틀(blow mold)이라고 하며, 또, 고브를 공급하는 형식에 따라 고브 공급식과 유리 흡입(suction)식이 있고, 예비성형과 마무리 성형을 모두 블로잉하는 블로앤드블로머신(blow and blow machine)과 예비성형만 프레싱(presing)하는 프레스앤드블로머신(press and blow machine)으로 나눈다.

〈그림 7-7〉의 린치기는 블로우 엔드 블로우머싱이고 〈그림 7-9〉는 프레스 엔드 블로우머싱이다.

또 테이블이 한 개인 형식과 두 개인 형식이 있고, 횡렬식(IS기)도 있다. 고브가 블랭크틀에서 예비 성형된 것을 패리슨(parison)이라 한다.

복식 테이블식인 린치기에서의 성형 과정은 〈그림 7-7〉과 같이 고
브 피더로부터 고브를 받으면 예비 성형이 그림 (1), (2), (3)과 같은
순서로 블랭크틀 안에서 이루어지고, (4), (5)에서 블랭크틀이 역전하

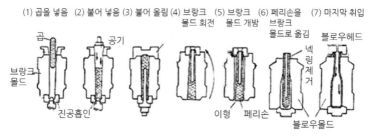

<그림 7-7> 린치기의 성형공정

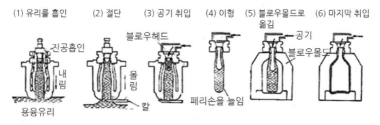

<그림 7-8> 오엔스기의 성형공정

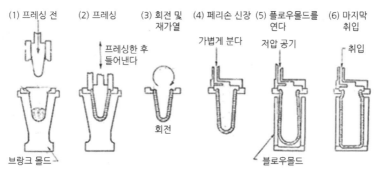

<그림 7-9> Hartford No.28, Paste mold machine의 성형공정

면서 패리슨이 틀에서 떨어지며, 계속해서 (6), (7)과 같이 블로틀에 의해 마무리 성형이 된다.

성형이 다 된 병은 레이어에 의해 서냉 가마로 들어가 서냉 처리되고 완성된다. 한편, 횡렬식인 IS기(Individual Section machine)에서는 각 섹션이 독립적으로 구성되어 있어 성형 동작과 시간이 다른 섹션 간에 관련 없이 개별적으로 이루어진다. 따라서 한 기계에서 모양과 크기가 다른 제품을 동시에 성형할 수 있고, 전체가 작동중이라도 한두 섹션만 따로 수리 및 정지가 가능하다는 특징을 가진다.

3. 판유리 제조기

두꺼운 판유리와 얇은 판유리의 성형법은 전혀 다르다. 두꺼운 판유리는 주조(casting)법, 롤(rolling)법, 플로트(float)법 등으로 제조되는데, 주조법이나 롤법으로 성형한 것은 표면이 고르지 않으므로 연마를 하여 사용한다.

얇은 판유리는 인상(drawing)법으로 제조되는데, 충분하지 않지만 유리면이 상당히 매끄럽기 때문에, 창유리 등으로는 그대로 사용할 수 있다.

(1) 주조법

용융한 유리를 철판 위에 부은 다음, 그 위에 무거운 롤러를 굴려 유리판을 만든다. 유리판의 두께는 철판 양 쪽에 설치한 레일(rail)의 높이를 조절하여 4~10mm 두께의 것을 만들고 서냉 공정을 거쳐 필요하면 연마하여 제품으로 쓴다.

(2) 롤법

탱크 가마에서 용융한 유리를 연속적으로 2개의 롤러 사이로 흘려보내서 유리판을 만든다.

이 방법으로는 자동차 창유리를 만들기 위해 개발한 포드(Ford)법이 대표적이다.

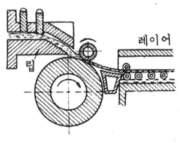

<그림 7-10> 판유리의 롤 성형

롤법에서, 아래 롤러에 무늬를 넣으면 무늬 판유리가 되고, 롤러 사이에 유리와 함께 철망을 넣어 성형하면 망입 판유리가 된다. 이것으로 성형되는 판유리의 치수는 두께 2~6mm, 폭 1.2~2.4m 정도이다.

(3) 플로트(float)법

플로트법은 1952년 영국의 필킹톤(Pilkington) 회사가 발명한 새로운 판유리 제조 방법이다.

용융된 유리가 환원성 분위기로 조절된 용융 금속(주석) 위로 흘러 들어온다. 주석 위로 들어온 유리는 비중이 작기 때문에 용융 금속(주석) 위를 떠서 냉가마 쪽으로 퍼져 이동해 간다. 유리의 온도,

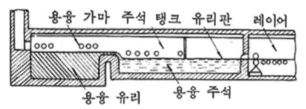

<그림 7-11> 플로트법에 의한 판유리 제조

용융 금속, 중력, 분위기 조절 등이 평형을 이룬 상태에서 퍼지는 것이 멈추고, 일정한 두께의 판유리가 된다.

이렇게 된 다음 약간 굳어진 유리판을 레이어 쪽으로 잡아당기면 유리판은 약간 늘어나면서 일정한 폭으로 되어 롤러를 타고 레이어 안으로 들어간다. 이 때, 유리의 밑면은 용융 금속인 주석과 접촉되고 윗면은 자유 표면이 되므로, 양면 모두가 아주 매끄럽게 되어 보통은 연마를 하지 않아도 된다.

유리판의 치수는 두께 3~20mm, 폭 3m, 길이 8~10m 정도의 대형의 것도 만들어진다.

(4) 인상법(引上法)

얇은 판유리의 제조는 인상법으로 하는데, 인상법에는 푸르콜(Fourcault)식, 콜번(Colburn)식, 피츠버그(Pittsburgh)식의 세 가지 방법이 있다.

1) 푸르콜(Fourcault)식

1913년경부터 구미에서 개발된 방법으로 현재 가장 많이 쓰이는 방법이다. 이것은 용융 가마 끝의 인상부에 데비토스(debiteuse)라고 하는 가늘고 긴 홈이 파진 내화물을 유리 속에 잠기게 해놓고, 그 파진 홈을 통해서 수직 방향으로 유리를 끌어 올린다. 끌어 올린

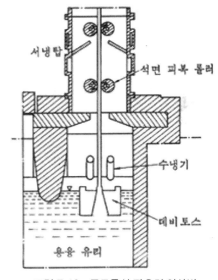

<그림 7-12> 푸르콜식 판유리 인상법

유리판은 수냉기로 냉각하면서 석면으로 피복된 롤러에 의해 연속적으로 6m 정도의 탑 위로 끌어 올려지고, 탑 윗부분에서 절단된다.

유리판의 두께는, (가) 인상실의 유리 온도, (나) 용융 유리에 잠겨 있는 데비토스의 위치, (다) 유리판의 냉각 속도, (라) 인상 속도 등에 따라 결정된다. 이 방법의 특징은 한 용융 가마에 여러 개의 인상기를 설치할 수 있고, 데비토스를 사용하기 때문에 성형이 비교적 용이하며, 균일한 두께의 판유리가 성형된다는 점이다.

문제점으로는 유리가 인상되는 데비토스면에 실투된 얇은 유리층이 형성되고, 데비토스의 수명이 수개월 정도로 짧다는 것이다. 이러한 결점을 개선한 것으로 데비토스 대신 아사히 블록(Asahi block)이라는 원통형 긴 축 회전체 내화물을 사용하는 방법이 있다. 푸르콜식 인상기에서의 인상 속도는 두께 2mm의 것으로 70m/h 정도이다.

2) 콜번(Colburn)식

1910년 처음 개발되고 1916년 미국의 오엔스(Libbey Owens) 회사에서 완성한 방법이다.

용융 가마 끝에 연결된 깊이가 얕은 인상실에 있는 유리의 자유 표면으로부터 홈이 파진 한 쌍의 수냉 널 롤(Knurl roll) 사이로 60cm 정도 수직 인상되고 이곳에서 가스 버너로 가열 연화시켜 벤딩롤(bending roll)에 의해 수평 방향으로 구부러진다. 이로부터 약 60m 길이의 서냉 가마를 통과하여 제품이 된다. 용융 가마 하나에 2대의 인상기를 설치하는 것이 보통이고, 인상 속도는 2mm 두께를 기준하여 130m/h 정도이다.

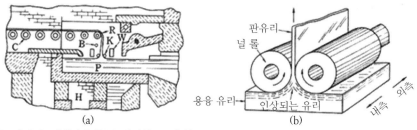

B: 버너 C: 컨베이어 롤 H: 가열실 K: 널 롤
P: 인상실 R: 벤딩 롤 W: 수냉기

<그림 7-13> 콜번식 판유리 인상법

3) 피츠버그(Pittsburgh)식

1925년경 미국의 피츠버그 판유리 회사(Pittsburgh plate glass)
에 의해 개발된 것으로 대부분 푸르콜식과 비슷하나, 다른 점은 데
비토스 대신에 드로 바(draw bar)라고 하는 내화물을 용융 유리 속
에 5~10cm 깊이로 잠기게 하고 바로 그 위의 유리의 자유 표면에서

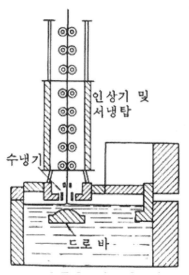

<그림 7-14> 피츠버그식 판유리 인상법

한 쌍의 수평 수냉기로 냉각하면서 유리를 인상한다. 인상 속도는 푸르콜식과 거의 같다. 이 방법의 특징은 인상실 내의 용융 유리의 평균 온도가 푸르콜식보다 100℃ 정도 높고 인상실 부근의 유리의 실투 현상이 비교적 작기 때문에 인상기 조정 기간이 비교적 길며, 좋은 품질의 판유리를 만든다는 것이다.

문제점으로는 유리가 자유 표면에서 인상되므로 용융 유리의 화학적 불균질성이 나타난다는 것이다.

4. 제관기(製管機)

유리관 및 봉(rod) 성형에는 슬리브(sleeve)식인 대너 머신(Danner machine)이 있고, 노즐(nozzle)식인 다운 드로(down drow)법과 업드로(updrow)법이 있다.

대너 머신의 특징은 맨드릴(mandrel)과 슬리브가 있고, 맨드릴은 특수 내열 강판으로 되어 있으며, 중심부에 구멍이 뚫려 있다. 그 외부는 내화물로 된 슬리브로 둘러싸여 있다. 이 원통형의 내화물은 온도 조절이 정확히 된 가마 안에 약 15°정도 기울게 설치되어 있

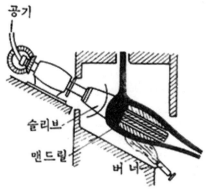

<그림 7-15> 대너 제관기

으며, 5~7rpm 속도로 천천히 회전할 수 있도록 되어 있다. 회전하는 동안 맨드릴의 속을 통해서 공기를 불어 넣고 슬리브에는 위로부터 일정량의 용융 유리가 흘러내리도록 되어 있어 슬리브가 회전함에 따라 그 위에 용융 유리가 고르게 덮이고 이것을 일정한 속도로 가마 밖으로 잡아 당긴다.

이렇게 관으로 성형되는 유리는 유리의 온도, 공기 압력, 잡아 당기는 속도 등에 따라 지름과 두께가 조절되며, 바깥 지름이 2~40mm, 두께 0.4~3.0mm의 범위에서 정밀한 성형이 된다.

다운 드로법은 설비가 비교적 간단하고 유량을 크게 할 수 있다는 특징이 있어 규격이 엄격하지 않은 유리관과 봉의 생산에 적합하다.

5. 브라운관 및 전구

(1) 브라운관 밸브의 성형

텔레비전의 브라운관(brown bulb)은 전면 화면부(panel), 후면 깔때기부(funnel), 그리고 목 부분(neck)으로 되어 있다. 이들의 내부 압력, 충격 강도, 영상 화면을 저해하는 유리 결함, 접합에 필요한 용착성, 두께 등에서 정밀하고 엄격한 규격이 요구되므로 각각에 맞

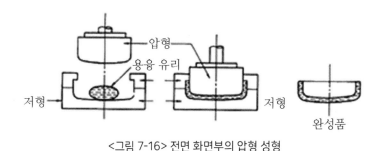

<그림 7-16> 전면 화면부의 압형 성형

는 성형법으로 별도로 성형하고, 이를 접합시켜 완성한다. 전면 화면부는 고압 압형 성형을 하여 후면 깔때기부와 프릿(frit)으로 봉착시키고, 후면 깔때기부는 압형 성형이나 원심력식 성형법으로 성형한다.

목 부분은 대너법 등에 의해 만들어진 유리관을 정해진 길이로 절단하고 관 끝을 프레이(fray) 가공한 후 후면 깔때기부에 용착시킨다.

(2) 전구

여러 가지 전구 밸브나 진공관 밸브 등은 두께가 얇고 정확해야 하며, 외면이 평활하게 성형되어야 한다. 성형기에는 용융 유리의 공급 방법에 따라 유리 흡인식(suction type)과 유리 공급식(feeder type)이 있다.

① 캐루셀 머신(carrousel machine)

유리 공급식으로 필립(Philips)회사가 개발한 전구, 진공관 밸브의 전용 성형기이다. 이 성형기는 용융 유리의 거의 100%가 밸브로 되어 재료의 효율이 높다는 특징이 있다.

이 성형기의 성형 능력은 16 헤드(head)기로 60mm 전구를 시간당 3000~6000개 정도 성형한다.

② 리본 머신(ribbon machine)

미국의 코닝회사가 개발한 고성능의 전구 밸브 성형기로, 〈그림 7-17〉과 같이 피더에서 유출된 용융 유리가 2개의 수냉 롤러 사이에 끼어 3인치 폭의 리본 모양으로 연속 찍혀 나오고, 이것이 수평 방향

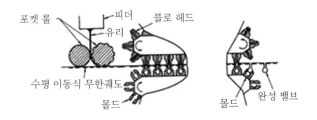

포켓 롤 ─ 피더 블로 헤드
유리
수평 이동식 무한궤도
몰드 몰드 완성 밸브

<그림 7-17> (리본 머신)

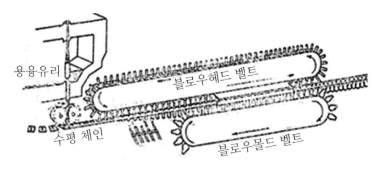

용융유리 블로우헤드 벨트
수평 체인 블로우몰드 벨트

<그림 7-18> Corning No.339기의 밸브 성형 공정

으로 이동하는 체인형 무한궤도 벨트(endless belt)에 놓여져 성형기로 보내진다. 벨트 밑에는 블로 틀이 있고 여기에 맞추어 위에는 블로 헤드가 있어 위의 헤드와 아래의 틀이 같은 속도로 이동하면서 체인형벨트 위의 유리를 블로잉 하여 연속적으로 전구 밸브를 성형한다. 성형 능력은 400~500개/min 정도이다.

6. 식기 유리

식기용 유리그릇은 인공 성형과 기계 성형으로 분류된다. 규격화된 간단한 모양의 것은 기계 성형을 하고, 모양이 복잡하고 불규칙한 것은 인공 성형을 한다.

기계 성형법에는 제병기의 프레스 앤드 블로 머신과 비슷한 형취법이 있고, 오목형에 고브를 넣고 볼록형으로 가압하는 압형 성형법이 있다. 또 주형 안에서 용융 유리를 회전시켜 원심력으로 확장하여 성형하는 원심 성형법도 있다.

다리가 가는 컵의 성형은 〈그림 7-19〉와 같이 블로잉으로 컵을 성형하고, 바로 이어 다리를 가압법으로 성형하면서 유리가 냉각되기 전에 용착시켜 완성하는 열간 용착법이 있고, 컵과 다리를 별도로 성형하여 서냉 시킨 후 접합부를 가열 연화시켜 용착하는 냉간용착법이 있다.

또, 한 개의 고브로 틀의 위쪽에서 컵의 몸체를, 아래쪽에서 다리를 함께 성형한 후 다리 부분을 가열하여 잡아 늘려 다리를 완성하고 윗부분을 절단하여 컵을 완성하는 성형법이 있다.

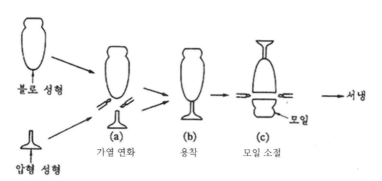

<그림 7-19> 컵의 열간 용착 성형법

제 3 절 섬유(纖維) 유리

유리를 섬유상으로 만든 섬유 유리는 단열재, 방음재, 여과재, 축전지용 세퍼레이터, 전기 절연재, 플라스틱 보강재 등 그 용도가 매우 다양하다.

이 유리는 용융 유리를 기계적으로 아주 빠르게 잡아당겨 1~20 ㎛ 굵기의 섬유상으로 만들고, 심한 급랭 효과를 주어 기계적 강도를 매우 크게 증가시킨 것이다.

유리가 아주 가는 섬유상으로 되면 비표면적이 커져서 풍화 작용을 많이 받게 된다. 따라서 유리의 조성을 내풍화성이 크도록 선택하지만, 이 문제만을 해결하려고 하면 다른 한편으로는 여러 가지 섬유화하는 데 어려움이 생기므로, 용도, 가격 등을 고려하여 적절한 유리 조성으로 맞춘다.

표 7-1 　　　　　　　　섬유 유리의 조성 분석값 　　　　　(단위 : %)

종　류	SiO_2	B_2O_3	Al_2O_3	Fe_2O_3	CaO	MaO	Na_2O	기 타
긴섬유 I	53.49	9.86	14.69	0.18	11.49	4.58	—	0.78
긴섬유 II	57.71	—	14.55	0.38	11.43	6.06	0.22	TiO_2 0.65, BaO 8.395
긴섬유 III	66.90	—	1.99	1.99	13.71	1.29	16.21	
글라스올	57.42	5.22	3.75	0.27	15.82	6.23	10.55	TiO_2 0.15, K_2O 0.34
로 크 올	45.84	—	22.79	22.79	21.79	3.36	5.29	
슬 랙 올	33.04	—	20.27	20.27	44.32	2.13	0.24	

1. 긴섬유(장섬유)의 제조

1) 로드법

로드법(rod process)은 긴섬유(fiber glass)의 제법으로 가장 먼저 쓰이던 방법으로, 유리 막대의 한끝을 가열해서 연화된 것을 잡아당겨 실로 된 것을 회전통에 감아서 유리실로 하는 것이다. 유리 막대는 10~20개를 1세트로 해서 막대의 수만큼을 실로 빼는데, 이 방법으로는 15㎛보다 가는 섬유로 만들기는 힘들다.

유리 막대를 다 썼을 때마다 작업이 중단되고, 또 이 유리 막대를 만드는 데 많은 유리 손실과 인력이 들므로, 근래에는 별로 쓰이지 않는 방법이다.

2) 포트법

이 포트법(pot process)은 유리구슬 또는 입도를 맞춘 유리 입자를 재용용 포트에 넣고, 포트 밑에 뚫린 여러 개의 구멍에서 흘러나오는 용용 유리를 아래로 잡아당겨, 이 때 생기는 유리실을 회전통에 감는 것이다.

이 때 노즐의 지름, 용용 유리의 온도, 실을 빼는 속도 등에 따라 섬유의 굵기를 4~80㎛으로 가감할 수 있다.

근래 널리 이용되고 있는 긴 섬유 제법은 연속 방사법으로 〈그림 7-20〉의 (a)와 같은 방법이다. 포트 바닥에 100~200개의 노즐이 있으며, 여기서 뽑는 여러 가닥의 섬유를 하나의 실로 집사한다.

이 때, 녹말 또는 젤라틴과 같은 콜로이드 용액과 기름을 에멀션화시킨 용액을 뿌려준다. 이는 섬유들을 접착시키고, 방사할 때 마멸을 방지하는 역할을 한다.

실의 지름이 6~8㎛, 길이가 10~40cm인 중간 섬유를 제조하는 방법에는 그림 (b)와 같은 스테이플 파이버법이 있다. 포트에서 섬유가 나오면 블로어에서 나오는 공기로 불어 집사 드럼 위로 모아 이를 집사한 다음 실로 뽑는다.

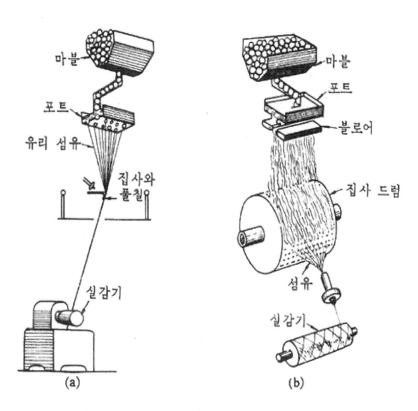

<그림 7-20> 포트법에 의한 섬유 유리의 제조
(a) 연속 방사법   (b) 스테이플 파이버법

2. 짧은섬유(단섬유)의 제조

1) 원심법

고속도로 회전하는 원판 위에 용융 유리를 떨어뜨려 원판의 회전력으로 용융 유리를 날려서 섬유로 만드는 방법으로, 마치 설탕으로 솜사탕을 만드는 방법과 비슷한 원리이다. 짧은 섬유는 글라스울(glass wool)이라고도 한다.

2) 취부법

용융 탱크 또는 포트에서 흘러 나오는 유리를 고압인 공기 또는 수증기로 불어 용융 유리를 날리는 방법이며, 그림 7-15와 같다.

슬랙 울을 제조하는 데서부터 시작된 방법으로 대량 생산에 적합하며, 지름이 약간 큰 편이고, 보온재, 공기 여과재 등을 만드는 데 사용된다.

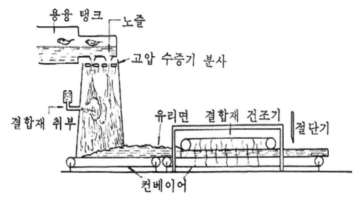

<그림 7-21> 취부법에 의한 섬유 유리의 제조

3) 화염법

지름이 1㎛ 이하인 아주 가는 글라스 울을 만드는 데 사용하는 제법이다. 포트법으로 일단 1차 섬유를 만들고, 이것을 고속도인 고온 불꽃에 넣어 불꽃의 힘으로 날려서 더욱 가느다란 실로 만든다.

제 8 장
서냉(徐冷)

유리는 성형 공정에서 급격히 냉각되므로, 그대로 실온까지 식으면 유리에는 반드시 스트레인(strain)이 생기게 된다.

따라서, 유리를 성형한 다음에는 다시 연화 온도 가까이까지 가열했다가 천천히 냉각해서 스트레인을 없애야 하는데, 이 조작을 서냉이라 한다.

제 1 절 스트레인(Strain: 변형)

1. 스트레인의 발생

유리 제품에 스트레인이 생기는 이유는 유리의 열전도도가 매우 작아 성형 또는 열가공을 했을 때 유리에는 부분적으로 온도의 차가 생겨 점성이 달라지고, 수축에도 차이가 생겨 응력이 작용하기 때문이다. 즉, 높은 온도에 있는 유리가 냉각되면 표면은 그대로 냉각되어 수축이 일어나지만, 내부는 천천히 냉각되어 표면에는 인장 응력이, 내부에는 압축 응력이 작용하여 스트레인이 생기게 된다.

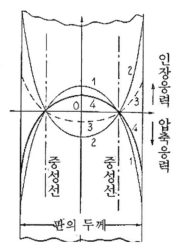

1. 가열 과정에서 생기는 일시 스트레인
2. 냉각 과정에서 생기는 일시 스트레인, F
3. 냉각 과정에서 점성 유동으로 x만큼 감소한 일시 스트레인, F - x
4. 상온까지 냉각된 후에 남은 영구 스트레인, -x

<그림 8-1> 유리판 안의 열적 스트레인에 따른 응력 분포

    이와 같이, 온도의 차이에 의해서 스트레인이 생겼다가 온도의 차이가 없어지면 함께 없어지는 스트레인을 일시 스트레인이라 하고, 이와는 달리 실온까지 유리가 냉각되어 내부와 외부의 온도에 차이가 없어져도 그대로 남아 있는 스트레인을 영구 스트레인이라 한다.

    이 영구 스트레인이 생기는 이유는, 고온에서 유리가 급랭될 때 내부에 점성 유동이 생겨, 이 상태가 그대로 고화하기 때문이다. 유리를 약하게 하는 스트레인은 위와 같이 되어 국부적으로 생긴 영구 스트레인이다.

    이 밖에도 유리에 스트레인이 발생하는 원인을 알아보면 다음과 같다.

    (가) 원료 조합비가 적합 하지 않을 경우

(나) 원료 입자의 크기가 고르지 않을 경우

(다) 조합 원료의 혼합이 충분하지 않을 경우

(라) 배치 운반 도중에 이러나는 중질 원료의 침강

(마) 용융이 충분하지 않을 경우

(바) 인상 조작의 변동이 심할 경우

(사) 내화 벽돌 또는 도가니 벽에서 불순물이 들어갈 경우

이와 같은 원인으로 유리가 불균질해지면 부분적으로 팽창 수축률, 열전도도 및 밀도와 같은 물리적 성질이 달라져서 스트레인이 생기게 되는데, 이러한 스트레인은 서냉 조작으로는 제거하지 못한다.

2. 스트레인의 검출

유리는 원래 광학적으로 등방성(isotropic property)이지만, 스트레인이 들어가면 이방성(anisotropic property)인 성질을 가지게 되므로, 이와 같은 성질의 차이를 이용하여 스트레인을 검출할 수 있다. 이 검출에는 유리에 편광을 투과시켜 보는 스트레인 검사기를 쓴다.

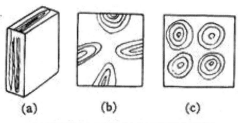

(a) 절단면의 스트레인, (b), (c) 표면의 스트레인

<그림 8-2> 유리의 스트레인

〈그림 8-2〉는 스트레인 검사기로 관찰한 유리 중의 스트레인을 나타낸 것이다.

스트레인이 없으면 무색이나, 압축 스트레인이 있으면 파란색을 띠고, 인장 스트레인이 있으면 빨간색을 띤다.

제 2 절 서냉 조작

유리 제품은 일반적으로 형태가 단순하지 않으므로, 균일한 온도 분포의 가마 안에서 냉각해도 부분마다 냉각 속도가 다르게 된다. 같은 유리 기물이라도 돌출부는 냉각이 빨리되고, 평탄한 면이나 두꺼운 부분은 느리게 된다. 즉, 기물 전체가 균일한 냉각이 되지 못하고 영구 스트레인이 들어가서 유리가 깨지기 쉽게 된다.

기계적인 강도나 열충격에 대한 강도를 높이기 위해서는 될 수 있는 대로 스트레인을 제거해야 하며, 이를 위한 조작을 서냉이라고 한다.

1 서냉 온도

성형하면서 냉각되어 스트레인이 들어가면, 이는 점성 유동이 일어나는 온도까지 가열되어야 없어진다. 가열 온도가 높을수록 유동성이 크기 때문에, 스트레인을 제거하기 위해서는 가열 온도를 높여야 하지만, 기물이 변형해서는 곤란하다. 따라서 온도의 한계가 있게 되는데, 이를 서냉온도의 상한, 또는 서냉점이라 한다. 이 온도는 일반적으로 '15분간에 스트레인이 없어지는 온도'로 정의되고 있다.

한편, 유리의 온도가 내려가서 일정 온도 이하에서부터는 아무리 급랭을 하여도 새로이 영구 스트레인이 생기지 않는 온도가 있는데, 이를 서냉 온도의 하한이라 하고, 스트레인점이라고도 한다. 이와 같은 상한, 하한의 온도 범위를 서냉 범위라 한다.

서냉 조작에서는 이 범위의 냉각 속도를 될 수 있는 대로 느리게 하여 유리 기물 안에 큰 온도의 차이가 생기지 않도록 해야 한다.

대표적인 유리에 대한 측정값의 예를 들면 다음과 같다.

표 8-1 유리의 종류와 서냉범위

	붕규산유리	소다석회유리	납유리
서냉점(℃)	518~550	472~523	419~451
스트레인점(℃)	470~503	412~472	353~382

2 서냉 곡선

스트레인은 온도와 시간을 조절하여 제거하는데, 이 때 가열 속도는 유리 기물이 열충격으로 파손하지 않는 한도 안에서 급열하여도 무방하다.

〈그림 8-3〉은 서냉 온도와 서냉 시간을 조절한 뒤의 서냉 곡선의 보기를 나타낸 것이다.

스트레인을 제거하기 위한 온도, 시간, 유리의 두께에 따라 다르다.

소다석회유리를 예로 들면 〈표 8-2〉와 같다.

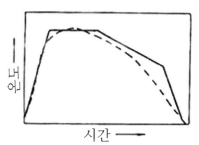

실선 : 이론 곡선; 점선 : 실제 곡선
<그림 8-3> 서냉곡선

표 8-2	유리 두께에 따른 스트레인의 제거온도와 시간		
두 께	10mm	20mm	50mm
온 도	535℃	515℃	490℃
제거시간	30 min	2 h	10 h

제 3 절 서냉 가마

1 고정 가마

이것은 단속적인 작업을 할 때 쓰는 가마로, 적당한 온도로 예열 시킨 가마 속에 성형된 제품을 넣고 입구를 밀폐한 다음, 서냉 온도 까지 가열한다. 가마를 냉각할 때에는 불꽃을 조절하여 계획된 냉각 속도로 온도를 내린다. 이 방법은 규모가 작은 공장에서 이용되며, 특히 형태가 큰 제품이나 생산 수량이 적고 품목이 많은 경우에 쓰인 다.

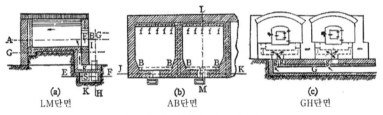

<그림 8-4> 불연속식 서냉가마

2. 연속식 서냉 가마

이 가마는 길이 15~25m, 너비 1~2m 정도의 터널 모양으로 된 레어(Lher)가 있으며, 제품을 연속적으로 보내면서 서냉 작업을 계속할 수 있는 가마이다. 가마 안의 온도 분포는 연소실 부분이 최고가 되고, 뒤쪽으로 갈수록 점차 낮아진다.

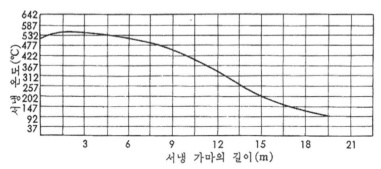

<그림 8-5> 연속식 서냉가마의 온도 분포

연속식 서냉 가마는 〈표 8-3〉과 같이 세 부분으로 나누어 온도
조절을 한다.

표 8-3   **서냉 가마의 부분별 온도 조절**

조절부	온도조절	길이
1. 가열 조절실	최고 서냉 온도를 유지함	약 3m
2. 서냉 조절실	스트레인이 발생하지 않도록 천천히 냉각함	약 9m
3. 급 랭 실	일시 스트레인은 발생해도 파손되지 않을 정도로 급랭함	약 10m

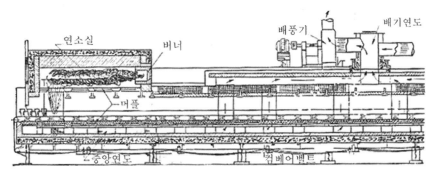

<그림 8-6> Simplex식 머플 레어

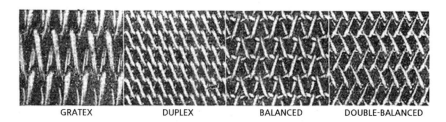

<그림 8-7> 레어용 벨트의 종류

제 9 장
유리의 가공

유리의 가공은 유리 성형품에 대한 작업으로 유리의 물리적 강도나 화학적 내구성을 증가시키고, 용도에 적합한 기능을 가지도록 하기 위해 인쇄, 절단과 구멍 뚫기, 연마와 연삭, 표면 처리, 접합, 강화 유리 등의 작업을 하는 것이다.

제 1 절 인 쇄

내열성 안료와 프릿을 혼합한 액상 또는 페이스트상의 유리 물감(glass colour)으로 유리 표면에 인쇄를 하고, 이를 가열해서 고착시키는 것이 유리의 인쇄 작업이다.

인쇄에는 수공식과 기계식이 있으며, 동일한 무늬의 대량 인쇄에는 자동화된 기계를 사용한다. 기계적 방법에는 고무 롤러에 의한 띠 모양 인쇄, 전사지를 사용한 전사 인쇄, 인쇄 스크린(screen)에 의한 스크린 인쇄가 있고, 이 중 대량 인쇄에는 스크린 인쇄가 많이 쓰인다.

〈그림 9-1〉은 유리병에 스크린 인쇄를 하는 것을 나타낸 것이다.

인쇄용 유리 물감에는 고온용, 저온용, 중간 온도용이 있고, 유리

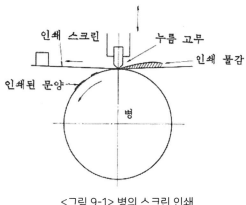

인쇄 스크린　누름 고무
인쇄 물감
인쇄된 문양
병

<그림 9-1> 병의 스크린 인쇄

표면에 적당한 두께로 인쇄한 후 인쇄 가마에서 가열하여 물감을 융
착시킨다. 물감 재료의 융착 온도는 유리의 연화 온도보다 낮아야 하
고 열팽창이 비슷해야 한다.

　2색 이상의 다색 인쇄를 할 때에는 처음 인쇄한 물감이 건조된 후
다음 색의 인쇄를 해야 하나 열가소성 물감 재료를 사용하면 1차색
인쇄를 한 후, 바로 다음 색을 인쇄할 수 있어 편리하다.

제 2 절 절단과 구멍뚫기

1. 절 단

　유리의 절단에는 절단할 유리의 모양, 치수, 정밀도, 절단 능력 등
에 따라 다음과 같은 여러 가지 방법이 있다.

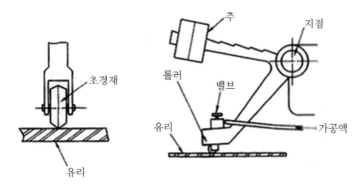

<그림 9-2> 판유리의 절단

(1) 손절단과 기계 절단

다이아몬드 유리칼을 사용하여 3~4㎜의 얇은 판유리를 손으로 절단하는 것과, 그림 9-2와 같이 초경 재료로 만든 롤러를 사용하여 보통의 판유리를 기계적으로 절단하는 것이 있다.

(2) 다이아몬드톱에 의한 절단

다이아몬드 톱은 유리뿐만 아니라 다른 요업 제품의 절단에도 사용되며 능률적이다. 절단날(cutter)의 두께는 0.2~7㎜ 정도이고, 결합재는 금속, 합성 수지, 유리질의 것이 있다.

(3) 지립에 의한 절단

지름 300~400㎜, 두께 1~2㎜ 정도의 황동이나 철판 등으로 만든 원판을 회전시키면서 여기에 코런덤 등의 지립(砥粒)을 물에 혼합한 절삭액을 주입하여 절단하는 화인 그라인딩과, 지름이 0.05~0.2

㎜의 피아노 강선이나 텅스텐선을 절단 끈으로 하고 슬러리상의 지립을 사용하여 100장 정도를 동시에 절단하는 다중 절단이 있다.

또한 고운 지립을 고압 가스와 함께 노즐을 통하여 절단할 곳에 분사하여 절단하는 지립 제트(abrasive jet) 절단이 있다. 이 방법은 지립 개개의 충격력이 작기 때문에 유리를 파손하지 않고 매우 얇은 판을 가공할 수 있다.

(4) 화염 절단

화염 절단에는 열원 가스로 녹여서 절단하는 융단 (burn off) 과 원통형의 유리 제품을 회전시키면서 절단할 곳을 좁게 급가열한 다음 냉각 물체를 가열부에 접촉시켜 발생하는 열응력에 의해 절단하는 냉각 균열 절단(chill cut)이 있다. 또한 절단할 부분을 초경재료로 홈을 내어 가열함에 있고, 따라 균열을 발달시켜 절단하는 가열 균열 절단(crack off) 법이 있고, 레이저(Laser; ligt amplification byatimmlated amission of radiation)절단법도 있다.

2. 구멍뚫기

구멍뚫기에서는 절삭액을 가공 장소에까지 순환시켜야 하고, 드릴을 빼낼 때 가공 부분에 흠이 나지 않도록 주의해야 한다.

(1) 초경드릴법

초경제의 드릴 날로 지름 3~15㎜의 구멍을 15~30m /min의 절삭속도로 뚫고, 지름 8㎜이상의 것은 금속 결합의 코어드릴(cure drill)로 뚫기를 한 다음 원형내기 가공을 한다.

(2) 다이아몬드 드릴법

다이아몬드드릴로 3㎜이하의 구멍을 10~12m/min의 절삭속도로 뚫고, 지름 8mm이상의 것은 금속결합의 코어드릴(core drill)로 뚫기를 한 다음원형내기 가공을 한다.

(3) 초음파 가공법

진폭 20~50㎛, 주파수 16~30kHz로 공구를 진동시키면서 공구와 유리 사이에 랩액을 주입하여 구멍뚫기를 한다. 가공 스트레인이 작고 가공면도 정밀하다.

(4) 펀칭법

유리를 부분적으로 가열 연화시키고 경질 금속으로 된 펀치와 다이스로 구멍을 뚫는다.

제 3 절 연삭과 연마

유리의 연마 작업은 연삭과 연마로 구별되는데, 연삭은 유리면을 깎아내는 작업이고 연마는 미세한 요철을 없애어 유리면을 평활하게 하는 작업이다.

1. 연 삭

연삭 작업은 거친 연삭과 고운 연삭의 래핑(lapping) 작업이 있다. 비교적 거친 지립을 회전하는 래판 위에 놓고, 여기에 유리면을 눌러서 갈아내는 것과, 유리면 위에 지립을 놓고 회전하는 래판을 누르면서 갈아내는 것의 두 가지 방법이 있다.

지립은 다이아몬드 가루, 용융 알루미나 가루, 탄화규소, 규사, 가 닛(garnet) 등을 사용하며, 주로 습식(지립 : 물= 1 : 1)으로 한다.

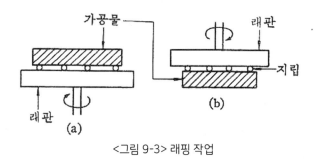

<그림 9-3> 래핑 작업

2. 연 마

최종 마무리 단계의 작업으로 0.03~0.3㎛ 정도의 아주 미세한 지립과 직물류, 합성 고무, 펠트(felt) 등으로 만든 래판을 사용하여 래핑 작업과 같은 방법으로 연마(polishing)를 한다.

광학용 렌즈나, 그 밖에 극히 고운 면을 요하는 유리 제품에 연삭 다음으로 하는 작업이다.

제 4 절 표면 처리

유리의 표면 처리는 가공 목적에 따라, (가) 표면 요철의 처리, (나) 유리 표면의 변질화, (다) 유리 표면에 얇은 막의 입힘 등의 작업을 한다.

표면 처리 작업을 한 제품들은 거울, 반사 방지 처리된 렌즈와 안경유리, 열선 반사 유리(태양 에너지용, 텅스텐 전구용, 용광로용), 고층 건물의 창, 내장재, 자동차 유리, 전기 전도성 유리, IC용 포토플레이트(photoplate) 등에 사용한다.

1. 표면 요철의 처리

기계적 방법으로 연삭과 연마 작업을 하는 것이 보통이지만 가공할 제품의 형상이 복잡하든가, 기계적으로 가공 처리가 곤란한 경우에는 화학적 처리 가공을 하게 된다.

(1) 산 연마

산 연마 (acid polishing)는 유리 표면에 광택을 내기 위한 작업으로, 비교적 고농도의 플루오르산 수용액을 사용하여 부식 가공을 한다.

그러나 이 방법은 표면에 나타나는 반응 생성물로 광택 효과가 떨어져 실제로는 플루오르산과 황산의 혼합 용액을 사용하는 것이 보다 효과적이다.

이 방법은 컷 유리나 광학 유리 등에 적용한다.

(2). 화학 연마

화학 연마(chemical polishing)는 기계적 연마로 돌출 부분을 잘라낸 다음 플루오르산계의 용액으로 부식을 시키면 잘린 부분만 선택적으로 부식이 진행되어 유리면이 평활하게 연마되는 가공법이다.

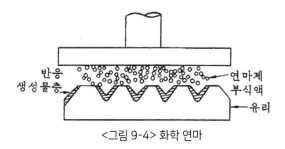

<그림 9-4> 화학 연마

(3) 무광택과 서리 가공

화학 연마와는 반대로 평활한 유리면에 미세한 거칠음을 만들어 줌으로써 빛이 유리 표면에서 산란되게 하는 가공이다.

용도로는, 무광택 가공은 텔레비전의 전면, 화면부, 계량기의 겉면 유리 등에 하며, 서리 가공은 무광택 전구, 장식품 등에 한다.

2. 유리 표면의 변질화

(1) 이온 교환법

유리 표면에 금속, 용융염을 접촉시켜 유리 표면층에 있는 움직이기 쉬운 알칼리 이온과 용융염의 이온이 교환되게하여 유리의 강화 또는, 특수한 성질을 가지게 한다.

이러한 유리로는 강화 유리, 광섬유 유리, 포토크로믹(photo-chromic)유리 등이 있다.

(2) 전기 플로트법

전기 플로트(electrofloat)법은 전해 현상을 이용하는 방법으로 판유리를 플로트법으로 제조할 때 유리 윗면에 용융 금속 풀(pool)을 만들고 바닥의 용융 금속과 위의 용융 금속을 두 전극으로 하여, 여기에 고전압의 직류 전류를 걸어 주면 윗면의 금속이 이온 상태로 유리 중에 침입하게 된다. 이 방법은 주로 착색유리, 열반사 유리 등에 적용된다.

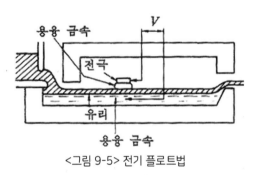

<그림 9-5> 전기 플로트법

3. 유리 표면에 얇은 막 입힘

(1) 무전해 도금법

유리면을 깨끗이 세척하고, 감광제로 처리한 다음 환원제를 함유하는 금속염 용액을 칠하면 이것이 얇은 막으로 입혀진다. 다시 물로

씻어내고, 건조시킨다. 막 보호 처리를 하는 경우도 있다.

거울유리, 열선 반사 유리 (solar reflective glass) 등의 제조에 많이 적용한다.

(2) 가수 분해법

비수용액의 금속 화합물 용액을 유리면에 적당한 방법으로 입히고 건조시킨 다음 일정한 온도에서 소성한다. 이 방법의 특징은 진공 증착 이외의 방법 중에서는 막의 균질성이 가장 좋다.

적외선 차단 유리, 열선 반사 유리, 다층막 거울, 반사 방지 유리 등의 제조에 많이 사용한다.

(3) 고온 분사법

고온 분사법은 전도성 유리의 제법으로 600℃ 정도로 가열된 유리 표면에 Sn화합물을 용해한 비수용액을 분사하여 분해 산화된 SnO_2의 막을 형성시키는 방법이다. 막 형성 물질의 선택 범위가 넓어 열선 반사 유리 제조에 적용한다.

(4) 진공법

진공법에는 $10^{-3} \sim 10^{-6}$ 토르첼리 진공 속에서 증착 물질을 가열 변화시켜 유리 표면에 막을 입히는 진공 증착법과 Ar 등의 불활성가스를 함유한 $10^{-1} \sim 10^{-2}$ 톨리첼리 진공 중에서 전극 간에 백열(glow) 방전시키고, 이 때 방전에의해 이온화한 불활성가스의 충돌로 튀어나오는 증착물이 표면에 증착되는 스퍼터(sputter)법이 있다.

제 5 절 유리표면의 강화

유리의 실용강도는 이론강도의 약 1/100정도이다. 이것은 유리표면이 보이지 않는 극히 작은 흠집이 있어 이것이 유리가 파괴되는 기점이 되기 때문이라고 한다. 즉 유리를 이 흠집보다 더 작은 지름(5 ㎛이내)의 섬유로 만들었을 경우 실제와 이론강도가 비슷하게 된다.

<그림 9-6> 유리의 표면 흠 모양

유리의 파괴는 특수한경우를 제외하고는 표면으로부터 시작하여 외력에 의해 유리의 내면에 나타나는 인장응력이 유리의 인장강도보다 클 경우에 일어난다. 따라서 유리표면의 흠집을 없애거나, 큰 압축응력 층을 만들어서 줌으로서 유리의 파괴 원인이 되는 인장응력에 저항하게 하는 방법 등으로 유리를 강화 처리한다.

이렇게 강화 처리된 유리를 강화유리라 하고 강화처리 방법에는 물리적방법과 화학적방법이 있다.

1. 물리적 강화

물리적 강화는 열강화를 말하며, 유리를 고온으로 급속 가열하였다가 일정한 치수의 노즐로 제트(jet) 압축공기를 불어 냉각시킴으로서 표면에 압축응력 층을 형성시키는 풍냉강화 이다.

풍랭강화에는 강화공정에서 금형을 사용하여 자체무게 또는 프레스에 의해 원하는 형태의 곡면으로 가열하여 휨을 한 후 급냉 처리하는 휨 강화법과 강화시키지 않는 부분은 스트레인점 정도까지 가열하고 강화시키려는 부분을 연화점까지 가열 한 후 냉각에서 강화 부분만 급랭하고, 비강화 부분은 정지하였다가 같은 온도부근에서 모두를 함께 서냉하는 부분 강화법이 있다.

또, 유리를 수평 상태로 유지하고 가열 레이어를 통과시켜 강화하는 수평 강화법과, 얇은 판유리의 효과적인 강화를 위한 액냉 강화법이 있다.

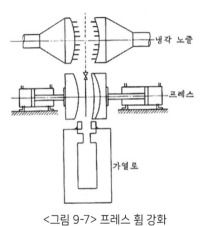

<그림 9-7> 프레스 휨 강화

2. 화학적 강화

화학적 강화는 유리 표면의 조성을 변화시킴으로써 유리의 강도를 증가시키는 강화 방법이다. 유리 표면의 조성을 변화시키는 방법으로는, ① 표면의 탈 알칼리, ② 열팽창 계수가 작은 유리로 피복, ③ 알칼리 금속의 이온 교환 등의 방법이 있다.

이온 교환법에는 전이 온도 이상의 고온에서 이온 교환을 하여 유리 표면에 열팽창 계수가 작은 층을 형성시키는 고온형 이온 교환법과 전이 온도 구역에서 유리 표면층의 알칼리 이온보다 이온 반지름이 큰 알칼리 용융염을 유리면에 접촉시켜 이온 교환을 함으로써 각 이온들의 점유 용적 차이만큼 압력층을 만드는 저온형 이온 교환법이 있다.

제 6 절 열가공과 접합

열가공은 유리를 가열하여 연화시킨 후 절단, 용단 등의 작업을 하는 것이다. 접합 가공은 접한 부분의 유리를 가열 연화시켜 녹여 붙이는 용착과 적합할 부분을 서로 맞대 놓고 저용융점의 프릿 등을 녹여 붙이는 봉착이 있다. 또, 유리와 유리의 접합, 유리와 다른 금속 재료와의 접합이 있고, 큰 치수의 것 속에 작은 치수의 것을 봉입시키는 작업도 있다.

유리의 열가공에는 손으로 직접 하는 것과, 유리 선반, 관절단기, 손잡이 스템(stem)기, 앰플기, 버튼 스템(button stem)기, 봉입기, 관휨기 등의 기계를 사용하는 기계적 작업이 있다.

제 7 절 가공 판유리

용도에 적합한 기능을 주기 위해 가공한 판유리에는 다음과 같은 여러 가지 것이 있다.

1. 안전 판유리

안전 판유리에는 강화 유리와 접합 유리의 두 가지가 있다.

강화 유리는 주로 열강화 처리를 하여 강도(일반 유리에 3~5배 정도)을 높인 것으로, 깨어져도 조각이 매우 작게 부서져 안정성을 높인 판유리이다.

접합 유리는 2장의 유리 사이에 투명하고 접착력이 강한 중간막(polyvinyral butyal film)을 넣어 압착한 유리로, 강도가 일반 유리보다 크고, 깨어져도 조각이 떨어지지 않으므로 안전하다.

용도로는 자동차, 선박 건축물 등의 창문, 출입문, 특히 안전을 요하는 장소 등에 사용한다.

2. 복층 판유리

제품명으로는 에스페어유리(energy saving pair glass)라고도 하는 것으로, 플로트법으로 제조된 유리를 약간의 중간 공기층을 두고 2장을 맞붙여 제작함으로써 높은 단열 효과로 에너지 절약은 물론 소음 방지와 이슬 맺힘 방지에 효과가 큰 유리이다. 반사 유리, 색 유리, 무늬 유리 등을 조합하여 사용하면 더욱 효과적이다.

용도로는 일반 주택, 고층 건물, 한냉 지역 건물, 전화국, 연구소, 녹음실, 온·습도 조절 장소 등에 널리 사용한다.

3. 반사 판유리

열선 반사 유리라고도 하며, 플로트법 등으로 제조된 판유리를 진공 속에서 코팅한 유리로, 건물 창유리로 사용할 경우, 광선을 적절히 차단, 반사시켜 열차단 조절을 하며, 밖에서는 거울의 역할을 하여 실내가 잘 안 보이고, 실내에서는 외부를 볼 수 있어 외부 시선으로부터 실내를 보호할 수 있다. 대형 건물의 외부벽, 특수용 건축물의 벽유리 등으로 사용한다.

4. 색유리

주로 플로트법으로 제조할 때 유리 표면에 금속 이온을 침투시켜 색(구리빛 등)을 띠게 한 유리이다.

가시 광선의 일부를 적당히 차단 투과시키므로, 태양 광선의 과다한 실내 조사를 조절해 준다. 주택, 큰 건물의 창, 실내 설비 등에 사용하고, 복층 유리로도 사용한다. 색유리 형태에는 판유리 한쪽 면에 무기질 도료를 입히고 고온에서 융착시켜 만든 것도 있다.

5. 망입유리와 무늬 유리

롤법으로 제조할 때 중간에 철망을 넣어서 만든 유리를 망입유리라 하는데, 잘 깨지지 않는다. 한편 롤법에서 한쪽 롤에 무늬를 넣으면 무늬유리가 만들어 지는데, 이 유리는 모양이 아름답고 투사광선을 적절히 분산시켜 실내 채광을 부드럽게 해준다.

주택, 일반건축물의 내,외장, 시야차단용 유리 등으로 쓰인다.

제 10 장
유리에 생기는 결점

  용융에서 나타나는 결함에는 기포, 돌, 줄 등으로 이들은 쉽게 제거가 안 된다. 따라서 결함 없는 균질한 유리를 계속 생산한다는 것은 유리 공업에서 매우 중요한 일이다. 또, 경년변화로 실투가 있다.

1. 기포(氣泡)

  기포는 용융 유리에 가장 많이 나타나는 결함으로 기포 중에서도 눈으로 쉽게 볼 수 있는 2㎜ 이상의 것을 블러스터(blister)라하고, 그 이하의 작은 것을 시드(seed)라 한다.

  기포의 발생 원인으로는 배치 중에 포함되는 공기, 원료의 열반응으로 생성되는 가스, 내화물 침식, 그 밖에 가마 안으로 혼입되는 불순물 등이다.

  가루 상태의 배치 속에는 많은 양의 공기가 포함되고, 이 중에서 산소는 유리화 반응에 관계되기도 하지만, 질소 같은 것은 밖으로 빠져 나가지 못하면 유리 속에 남아 기포 결함으로 된다. 원료가 열반응을 하여 용융 유리가 될 때에는 많은 가스가 발생하는데, 이들 중유리화에 관계되지 않는 가스가 빠져 나가지 못하면 역시 기포 결함으로 되기 쉽다.

  한편, 내화물의 침식에 의해서도 기포가 발생하는데, 이것은 용융 작업보다는 내화물 자체를 개선하거나 축로 방법을 개선해야 한다. 따라서 소성 내화물보다는 전주 내화물을 사용하는 것이 유리하고, 축로도 간격을 적게 하기 위해 큰 내화 블록 등을 사용한다.

1945년 광복 후에만 하여도 우리가 사용했던 소형 잉크병은 기포 (거품)가 거의 절반정도가 되어 다포유리(경량 건축용 유리불록)처럼 많았는데 지금은 기포, 돌등은 기술의 향상으로 거의 볼 수가 없다.

2. 돌(石)

유리 중의 결정성 이물질을 돌(stone)이라 한다. 발생 원인은 배치에 의한 것, 내화물 침식, 결정성 이물질의 집합 등이다. 배치 중에 용융이 어려운 이물질이 혼입되든지, 배치의 분리 현상, 또는 입도가 큰 원료가 미용융물로 존재하면 돌로 된다.

내화물과 용융 유리가 반응하여 본 유리와 성분이 다른 이물질로 유리 속에 존재하거나, 떨어져 나오는 내화물 조각 등은 유리 속에서 돌 결함이 되기 쉽다. 이러한 결정성 이물질은 본 유리와 팽창 계수가 다르기 때문에 이것이 나타나는 부분에는 파손의 원인이 되는 응력이 나타나고, 열충격이나 그 밖의 충격을 받으면 이 부분이 파손되기 쉽다.

따라서 돌 결함은 대부분 불량 처리 된다 .돌 결함을 방지하기 위해서는 원료의 입도를 잘 맞추고, 배치의 분리를 방지하며, 내화물 침식을 줄여야 한다.

3. 줄(脈理 맥리)

본 유리와 다른 이질 유리가 줄기 모양으로 나타날 때에 코드 (cord)라 하고, 매듭 모양으로 나타날 때에 절(knot)이라 한다. 이것의 발생 원인은, 배치의 관리 불량, 내화물의 침식, 용융 조작의 불량 등이다.

이러한 줄 결함은 판유리, 거울 유리, 안경 유리, 광학용 렌즈, 텔레비전 유리 등에서는 엄격히 불량 처리된다. 원료의 입도가 맞지 않거나, 배치가 분리된 후 용융되면, 부분적으로 조성이 다른 이질 유리가 되고, 내화물 벽이나 스로트의 침식 용융물은 줄 결함의 주원인이 된다. 따라서 배치의 관리를 잘 해야 하고, 침식 저항이 큰 내화물을 사용하며, 스로트도 외부에서 적절이 냉각시키는 것이 결함 방지에 효과적이다.

<그림 10-1> 맥리의 슈리렌 사진

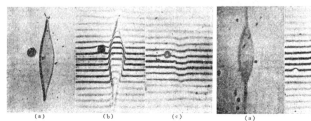

<그림 10-2> Al$_2$O$_3$성 맥리의 에칭 간섭상

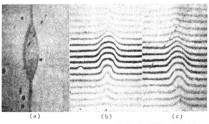

<그림 10-3> SiO$_2$성 맥리의 에칭 간섭상

4. 실투(失透)

실투(devitribicaton)란 유리 중에 여러 형태의 결정체가 분리 석출하여 유리가 투명성을 잃거나, 부분적으로 이질 유리가 발생하여 돌, 줄 등의 결함으로 나타나거나, 성형성이 나빠지는 것을 말한다.

실투를 방지하는 방법으로서, 액상 온도가 가장 낮은 조성을 선택하고, 작업 온도 범위에서 유리의 점도를 높이며, 작업 온도에서 결정핵으로 작용하는 이물질과 용융 유리와의 접촉을 피하도록 한다. 따라서 $Na_2O-CaO-SiO_2$의 기초 유리에서 CaO 일부를 MgO나 Al_2O_3으로 치환하거나, 성형 온도의 상한(T_W)을 액상 온도(T_L)보다 높게 하여 $T_W - T_L$ 값이 (+)가 되게 하는 것이 효과적이다.

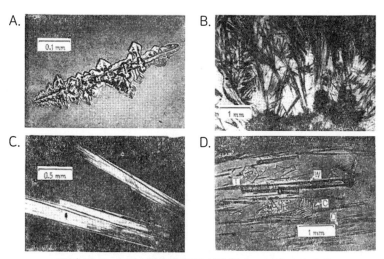

<그림 10-4> 유리 실투의 현미경 사진 (Jebsen-Marwedel)
A 크리스토벨라이트 결정, B 데비드라이트 결정, C 윌스테라이트 결정, D 4종 결정의 동시 정출
(C=크리스토벨라이트, T=트리디마이트, D=데비드라이트, W=윌스테라이트)

유리 교본 - 역사와 이론

처음 펴낸날	2021년 8월 15일
지은이	토암(土菴) 배윤호(裵潤鎬)
펴낸이	박상영
펴낸곳	정음서원
	서울시 관악구 서원 7길 24 102호
	전화 02-877-3038 팩스 02-6008-9469
신고번호	제 2010-000028 호
신고일자	2010년 4월 8일

ISBN 979-11-972499-1-4 13570
값 12,000원